Хмельник С. И.

Уравнения Навье-Стокса

Существование и метод поиска глобального решения

Пятая редакция,
дополненная

Israel   2018

Посвящаю
памяти моего старшего брата
Михаила

Solomon I. Khmelnik

Navier-Stokes equations
On the existence and the search method for global solutions
(in Russian)

Copyright © 2010 by Solomon I. Khmelnik
Соломон Ицкович Хмельник

All right reserved. No portion of this book may be reproduced or transmitted in any form or by any means, electronic or mechanical, without written permission of the author.

Published by "MiC" - Mathematics in Computer Corp., Israel
  BOX 15302, Bene-Ayish, Israel, 0060860
  Fax: ++972-8-8691348
  Email: solik@netvision.net.il
Printed in United States of America, Lulu Inc.,

```
First Edition 1, 13 may 2010,
First Edition 2, 20 august 2010,
   ID 8828459, ISBN 978-0-557-48083-8
Second Edition, 02 january 2011,
Third Edition, 02 january 2018,
Fourth Edition, 28 april 2018,
Fifth Edition, 16 june 2018,
   ID 9971440, ISBN 978-1-4583-1953-1
```

ISBN 978-1-4583-1953-1

Предисловие рецензента

Я имею 50-летний опыт работы в области гидродинамики.

В последние годы автор книги (мой брат) разрабатывал вариационные принципы для диссипативных систем и сформулировал принцип экстремума полного действия. Этот принцип является развитием лагранжева формализма и учитывает тот факт, что в реальных системах полная энергия (сумма кинетической и потенциальной энергий) при движении убывает, переходя в другие виды энергии, например, в тепловую энергию, т.е. происходит диссипация энергии. Математически это означает, что для любой (как полагает автор) физической системы можно построить функционал, у которого есть глобальная седловая линия. К настоящему времени он доказал это для электротехники, электродинамики, механики. В настоящей книге приводится доказательство применения разработанного метода к гидродинамике.

Важно отметить, что открытие автором существования глобального экстремума позволило ему разработать метод расчета соответствующих систем, который основан на спуске по функционалу к глобальному экстремуму. Тем самым теоретически и практически показано существование глобального решения для уравнений Навье-Стокса. Следует отметить, что автор существенно использовал в своих исследованиях несколько забытые в настоящее время труды выдающегося ученого Николая Умова.

Удивительным является тот факт, что для реализации метода нет необходимости дополнять эти уравнения краевыми условиями – достаточно описать границы замкнутой области, в которой рассматривается решение. Границами могут быть стенки и свободные поверхности. Доказательство основано на том, что и то, и другое не изменяет энергию жидкости.

Проф. Хмельник Михаил
(к первой редакции, 2010)

Аннотация

Формулируется и доказывается вариационный принцип экстремума для вязкой несжимаемой и сжимаемой жидкости, из которого следует, что уравнения Навье-Стокса являются условиями экстремума некоторого функционала. Описывается метод поиска решения этих уравнений, который состоит в движении по градиенту к экстремуму этого функционала. Формулируются условия достижения этого экстремума, которые являются одновременно необходимыми и достаточными условиями существования глобального экстремума этого функционала.

Затем выделяются т.н. <u>замкнутые</u> системы. Для них доказывается, что необходимые и достаточные условия существования глобального экстремума указанного функционала имеются всегда. Соответственно, метод поиска глобального экстремума всегда заканчивается успешно и тем самым определяется единственное решение уравнений Навье-Стокса.

Утверждается, что системы, описываемые уравнениями Навье-Стокса и имеющие определенные граничные условия (давления или скорости) на <u>всех</u> границах, являются замкнутыми. Показывается, что к таким системам относятся системы, ограниченные непроницаемыми стенками, свободными поверхностями, находящимися под известным давлением, подвижными стенками, находящимися под известным давлением, т.н. <u>генерирующими</u> поверхностями, через которые поток жидкости проходит с известной скоростью.

Книга дополняется программами в системе MATLAB – функциями, реализующими расчетный метод, и тестовыми программами. Ссылки на тестовые программы даются в тексте книги при описании примеров. **Все программы опубликованы в виде отдельной PDF-книги [46]**.

Содержание

Подробное оглавление \ 7
Введение \ 10
Глава 1. Принцип экстремума полного действия \ 13
Глава 2. Принцип экстремума полного действия для гидродинамики \ 22
Глава 3. Вычислительный алгоритм \ 38
Глава 5. Стационарные задачи \ 39
Глава 6. Динамические задачи \ 40
Глава 7. Пример: расчет миксера \ 44
Глава 8. Пример: течение в трубе \ 56
Глава 9. Сжимаемая жидкость \ 742
Глава 10. Механизм возникновения и метод расчета турбулентных течений \ 80
Обсуждение \ 103
Приложения \ 105
Литература \ 134
Автор о себе \ 139

Подробное оглавление

Введение \ 10
Глава 1. Принцип экстремума полного действия \ 13
    1.1. Формулировка принципа \ 13
    1.2. Энержиан в электротехника \ 15
    1.3. Энержиан в Механике \ 17
    1.4. Математическое отступление \ 17
    1.5. Действие для мощностей \ 18
    1.6. Полное действие для мощностей \ 19
    1.7. Энержиан-2 в механике \ 20
    1.8. Энержиан-2 в электротехнике \ 20
    1.9. Энержиан-2 в электродинамике \ 21
    1.10. Заключение \ 21
Глава 2. Принцип экстремума полного действия для вязкой несжимаемой жидкости \ 22
    2.1. Уравнения гидродинамики для вязкой несжимаемой жидкости\ 22
    2.2. Баланс мощности \ 22
    2.3. Энержиан и квазиэкстремаль \ 25
    2.4. Расщепленный энержиан-2 \ 26
    2.5. О достаточных условиях экстремума \ 28
    2.6. Краевые условия \ 30
        2.6.1. Абсолютно твердые и непроницаемые стенки \ 31
        2.6.2. Системы с определенным внешним давлением \ 31
        2.6.3. Системы с генерирующими поверхностями \ 33
        2.6.4. Замкнутые системы \ 34
    2.7. Модифицированные уравнения Навье-Стокса \ 35
    2.8. Выводы \ 37
Глава 3. Вычислительный алгоритм \ 38
Глава 5. Стационарные задачи \ 39
    5.1. Общий случай \ 39
    5.2. Алгоритм движения по градиенту \ 40
    5.3. Абсолютно замкнутые системы \ 41
Глава 6. Динамические задачи \ 42
    6.1. Общий случай \ 42
    6.2. Замкнутые системы с переменными массовыми силами \ 43

Глава 7. Пример: расчет миксера \ 44
    7.1. Постановка задачи \ 44
    7.2. Полярные координаты \ 46
    7.3. Декартовы координаты \ 46
    7.4. Миксер со стенками \ 48
    7.5. Кольцевой миксер \ 49
    7.6. Миксер с дном и крышкой \ 52
    7.7. Разгон миксера \ 54

Глава 8. Пример: течение в трубе \ 56
    8.1. Кольцевая труба \ 56
    8.2. Длинная труба \ 59
    8.3. Переменные массовые силы в трубе \ 63
    8.4. Длинная труба с заслонкой \ 64
    8.5. Переменные массовые силы в трубе с заслонкой \ 67
    8.6. Давление в длинной трубе с заслонкой \ 69

Глава 9. Принцип экстремума полного действия для вязкой сжимаемой жидкости \ 74
    9.1. Уравнения гидродинамики \ 74
    9.2. Энержиан-2 и квазиэкстремаль \ 75
    9.3. Расщепленный энержиан-2 \ 75
    9.4. О достаточных условиях экстремума \ 77

Глава 10. Механизм возникновения и метод расчета турбулентных течений \ 80
    10.1. Вступление \ 80
    10.2. Взаимодействие движущихся электрических зарядов \ 81
    10.3. Гравитомагнитное взаимодействие движущихся масс \ 82
    10.4. Гравитомагнитное взаимодействие как причина турбулентности \ 83
    10.5. Количественные оценки \ 85
    10.6. Пример: турбулентный поток воды в трубе \ 87
    10.7. Турбулеан \ 88
    10.8. Уравнения турбулентного потока \ 91
    10.9. Пример решения задачи с турбулентностью \ 94
    10.10. Выводы \ 98
    Приложение \ 99

Обсуждение \ 101
Приложение 1. Некоторые формулы \ 103
Приложение 2. Выдержки из книги Николая Умова \ 111
Приложение 3. Доказательство знакопостоянства интеграла (2.84) \ 118

Приложение 4. Решение вариационной задачи методом спуска по градиенту. \ 120

Приложение 5. Поверхности постоянного лагранжиана \ 123

Приложение 6. Дискретные модифицированные уравнения Навье-Стокса \ 124

    1. Дискретные модифицированные уравнения Навье-Стокса для стационарных течений \ 124

    2. Дискретные модифицированные уравнения Навье-Стокса для динамических течений \ 127

Приложение 7. Электрическая модель решения модифицированных уравнений Навье-Стокса \ 128

Литература \ 132

Автор о себе \ 137

Введение

В предыдущих работах [6-25, 37, 38] автор предложил принцип экстремума полного действия, позволяющий конструировать функционал для различных физических систем и, что самое важное, для диссипативных систем. В [31, 34, 35, 36, 39] этот принцип описывается в применении к гидродинамике вязкой жидкости. В данной книге (в отличие от первой редакции [34, 35]) используется более строгое расширение указанного принципа на мощности и рассматривается также гидродинамика сжимаемой жидкости.

Указанный функционал имеет глобальную седловую точку и поэтому для расчета физических систем с таким функционалом можно применить метод градиентного спуска к седловой точке. Поскольку глобальный экстремум существует, то и решение существует всегда.

Первоначальный шаг в построении такого функционала состоит в том, что для некоторой физической системы записывается уравнение сохранения энергии или уравнение баланса мощностей. При этом учитываются и потери энергии (например, на трение или нагрев), и поток энергии в систему и из нее.

Этот принцип автор применил в электротехнике, электродинамике, механике. В этой книжке предпринимается попытка распространить данный принцип на гидродинамику.

В **главе 1** излагается принцип экстремума полного действия и показывается его применимость в электротехнике, электродинамике, механике.

В **главе 2** принцип экстремума полного действия применяется к гидродинамике вязкой несжимаемой жидкости. Показывается, что уравнения Навье-Стокса являются условиями экстремума некоторого функционала. Описывается метод поиска решения этих уравнений, который состоит в движении по градиенту к экстремуму этого функционала. Формулируются условия достижения этого экстремума, которые являются одновременно необходимыми и достаточными условиями существования глобального экстремума этого функционала.

Затем выделяются т.н. замкнутые системы. Для них доказывается, что необходимые и достаточные условия существования глобального экстремума указанного функционала имеются всегда. Соответственно, метод поиска глобального экстремума всегда заканчивается успешно и тем самым определяется единственное решение уравнений Навье-Стокса.

Утверждается, что системы, описываемые уравнениями Навье-Стокса и имеющие определенные граничные условия (давления или скорости) на <u>всех</u> границах, являются замкнутыми. Показывается, что к таким системам относятся системы, ограниченные

- непроницаемыми стенками,
- свободными поверхностями, находящимися под известным давлением,
- подвижными стенками, находящимися под известным давлением,
- т.н. <u>генерирующими</u> поверхностями, через которые поток проходит с известной скоростью.

Таким образом, для замкнутых систем показано, что всегда существует единственное решение уравнений Навье-Стокса.

В **главе 3** кратко характеризуется вычислительный алгоритм.

В **главе 5** подробно описывается вычислительный алгоритм для стационарных задач.

В **главе 6** предлагается алгоритм решения динамических задач путем последовательного решения стационарных задач, в т.ч., задач со скачкообразными и импульсными изменениями внешних воздействий.

В **главе 7** рассматриваются разнообразные примеры решения задач по расчету миксера предлагаемым методом.

В **главе 8** рассматривается течение жидкости в трубе произвольного профиля. Показывается, что вне зависимости от формы сечения трубы скорость в отрезке трубы постоянна вдоль трубы и изменяется параболически по сечению трубы, если на торцах отрезка существует постоянная разность давлений. Таким образом, вывод, полученный предлагаемым методом для произвольной формы сечения трубы, аналогичен решению известной задачи Пуазейля для круглой трубы.

В **главе 9** показывается, что предложенный подход может быть распространен на вязкие сжимаемые жидкости.

В **главе 10** предлагается объяснение механизма возникновения турбулентных течений, которое основано на максвеллоподобных уравнениях гравитации, уточненных на основе известных экспериментов. Показывается, что движущиеся молекулы текущей жидкости взаимодействуют между собой аналогично движущимся электрическим зарядам. Силы такого взаимодействия могут быть рассчитаны и включены в уравнения Навье-Стокса как массовые силы. Уравнения Навье-Стокса, дополненные такими силами, становятся уравнениями гидродинамики для турбулентного течения. Предлагается метод расчета таких уравнений.

В **приложение 1** вынесены (с тем, чтобы не загромождать основной текст) преобразования некоторых формул

Для анализа энергетических процессов в жидкости автор использовал книгу Николая Умова, некоторые фрагменты которой для удобства читателя приведены в **приложении 2**.

В **приложении 3** дан вывод некоторой формулы, применяемой для доказательства необходимого и достаточного условия существования глобального экстремума основного функционала.

В **приложении 4** описан метод решения некоторой вариационной задачи методом спуска по градиенту.

В **приложении 5** приведен вывод некоторых формул для поверхностей, у которых лагранжиан имеет постоянное значение и не зависит от координат.

В **приложении 6** рассматривается дискретный вариант модифицированных уравнений Навье-Стокса и соответствующий функционал.

В **приложении 7** рассматривается электрическая модель для решения модифицированных уравнений Навье-Стокса и следующий из нее метод решения этих уравнений

Глава 1. Принцип экстремума полного действия

1.1. Формулировка принципа

Широко известен <u>лагранжев формализм</u> – универсальный метод вывода физических уравнений из принципа наименьшего действия. При этом действие определяется как определенный интеграл - функционал

$$S(q) = \int_{t_1}^{t_2} (K(q) - P(q))dt \qquad (1)$$

от разности кинетической $K(q)$ и потенциальной $P(q)$ энергий, называемой <u>лагранжианом</u>

$$\Lambda(q) = K(q) - P(q). \qquad (2)$$

Здесь интеграл берется на определенном интервале времени $t_1 \le t \le t_2$, а q - вектор обобщенных координат, динамических переменных, которые, в свою очередь, зависят от времени. Принцип наименьшего действия утверждает, что экстремали этого функционала (т.е. уравнения, при которых он принимает минимальное значение) являются уравнениями реальных динамических переменных (т.е. реализуемых в действительности).

Например, если энергия системы зависит только от функций q и их производных от времени q', то экстремаль определяется по формуле Эйлера [4]

$$\frac{\partial(K-P)}{\partial q} - \frac{d}{dt}\left(\frac{\partial(K-P)}{\partial q'}\right) = 0. \qquad (3)$$

В результате получаются уравнения Лагранжа.

Лагранжев формализм применим к тем системам, в которых сохраняется постоянной полная энергия (сумма кинетической и потенциальной энергий). Он не отражает тот факт, что в реальных системах полная энергия (сумма кинетической и потенциальной энергий) при движении убывает, переходя в другие виды энергии, например, в тепловую энергию Q, т. е. происходит диссипация энергии. Отсутствие для диссипативных систем (т.е. систем с рассеиванием энергии) формализма, аналогичного лагранжеву формализму, кажется странным: при этом физический мир оказывается разделенным на гармоничную (с принципом наименьшего действия) часть и на хаотичную ("беспринципную") часть.

Автор предлагает **принцип экстремума полного действия**, применимого к диссипативным системам. Полным действием предлагается называть определенный интеграл - функционал

$$\Phi(q) = \int_{t_1}^{t_2} \Re(q) dt \qquad (4)$$

от величины

$$\Re(q) = \big(K(q) - P(q) - Q(q)\big), \qquad (5)$$

которую будем называть <u>энержианом</u> (по аналогии с лагранжианом). В нем $Q(q)$ - тепловая энергия. Далее рассматривается <u>квазиэкстремаль</u> полного действия, имеющая вид

$$\frac{\partial(K-P)}{\partial q} - \frac{d}{dt}\left(\frac{\partial(K-P)}{\partial q'}\right) - \frac{\partial Q}{\partial q} = 0. \qquad (6)$$

Функционал (4) принимает (*определенное далее*) <u>экстремальное значение</u> на квазиэкстремалях. Принцип экстремального полного действия утверждает, что квазиэкстремали этого функционала являются уравнениями реальных динамических процессов.

Сразу же надо отметить, что экстремали функционала (4) совпадают с экстремалями функционала (1), если член, соответствующий $Q(q)$, исчезает.

Определим экстремальное значение функционала (4, 5). Для этого "расщепим" (т.е. заменим) функцию $q(t)$ на две независимые функции $x(t)$ и $y(t)$, а функционалу (4) поставим в соответствие функционал

$$\Phi_2(x,y) = \int_{t_1}^{t_2} \Re_2(x,y) dt, \qquad (7)$$

который будем называть "расщепленным" полным действием. Функцию $\Re_2(x,y)$ будем называть "расщепленным" <u>энержианом</u>. Этот функционал минимизируется по функции $x(t)$ при фиксированной функции $y(t)$ и максимизируется по функции $y(t)$ при фиксированной функции $x(t)$. Минимум и максимум являются единственными. Таким образом, экстремум функционала (7) является <u>седловой</u> линией, где одна группа функций x_0 минимизирует функционал, а другая y_0 - максимизирует его. Сумма пары оптимальных значений расщепленных функций дает искомую функцию $q = x_0 + y_0$, удовлетворяющую уравнению квазиэкстремали (6). Другими словами, квазиэкстремаль функционала (4) является суммой экстремалей x_0, y_0 функционала (7), определяющих седловую точку этого функционала. Важно отметить, что эта точка является <u>единственной экстремальной точкой</u> – нет других седловых точек и нет других точек минимума или максимума. В этом заключается смысл выражения "экстремальное значение на квазиэкстремалях". Наше **утверждение 1** заключается в том, что

> в каждой области физики можно найти соответствие между полным действием и расщепленным полным действием, а тем самым доказать, что полное действие принимает глобальное экстремальное значение на квазиэкстремалях.

Рассмотрим правомерность этого утверждения 1 для некоторых областей физики.

1.2. Энержиан в электротехнике

Полное действие в электротехнике имеет вид (1.4, 1.5), где

$$K(q) = \frac{Lq'^2}{2}, \quad P(q) = \left(\frac{Sq^2}{2} - Eq\right), \quad Q(q) = Rq'q. \quad (1)$$

Здесь штрих обозначает производную, q - вектор функций-зарядов от времени, E - вектор функций-напряжений от времени, L - матрица индуктивностей и взаимоиндуктивностей, R - матрица сопротивлений, S - матрица обратных емкостей, а функции $K(q)$, $P(q)$, $Q(q)$ представляют магнитную, электрическую и тепловую энергии соответственно. Здесь и далее векторы и матрицы рассматриваются в смысле векторной алгебры, при этом операции с ними записываются в сокращенном виде. Так, произведение векторов представляет собой произведение вектора-столбца на вектор-строку, а квадратичная форма вида, например, $Rq'q$ представляет собой произведение вектора-строки q' на квадратную матрицу R и на вектор-столбец q.

В [22, 23] автором показано, что такое представление справедливо для любой электрической цепи.

Уравнение квазиэкстремали (1.6) в этом случае принимает вид

$$Sq + Lq'' + Rq' - E = 0. \qquad (2)$$

Подставляя (1) в (1.5), запишем энержиан (1.5) в развернутом виде:

$$\Re(q) = \left(\frac{Lq'^2}{2} - \frac{Sq^2}{2} + Eq - Rq'q \right). \qquad (3)$$

Представим расщепленный энержиан в виде

$$\Re_2(x,y) = \begin{bmatrix} Ly'^2 - Sy^2 + Ey - Rx'y \\ Lx'^2 - Sx^2 + Ex - Rxy' \end{bmatrix}. \qquad (4)$$

При этом экстремали интеграла (1.7) по функциям $x(t)$ и $y(t)$, найденные по уравнению Эйлера, примут соответственно вид:

$$2Sx + 2Lx'' + 2Ry' - E = 0, \qquad (5)$$
$$2Sy + 2Ly'' + 2Rx' - E = 0. \qquad (6)$$

Из симметрии уравнений (5, 6) следует, что оптимальные функции x_0 и y_0, удовлетворяющие этим уравнениям, удовлетворяют также условию

$$x_0 = y_0. \qquad (7)$$

Складывая уравнения (5) и (6), получаем уравнение (2), где

$$q = x_o + y_o. \qquad (8)$$

В [22, 23] показано, что условия (5, 6) являются необходимыми для существования единственной седловой линии. В [22, 23] показано также, что достаточным условием для этого является знакоопределенность матрицы L, что выполняется в любой электрической цепи.

Таким образом, утверждение 1 для электротехники доказано. Из этого следует также, **утверждение 2**:

> любой физический процесс, описываемый уравнением вида (2), удовлетворяет принципу экстремума общего действия.

Заметим, что уравнение (2) является уравнением электрической цепи без узлов. Однако в [2, 3] показано, что к подобному виду можно привести уравнение любой электрической цепи (с любой степенью точности).

1.3. Энержиан в механике

Здесь рассмотрим только один пример - прямолинейное движение тела массой m под действием движущей силы f и силы торможения kq', где k - известный коэффициент, q - координата тела. Известно, что

$$f = mq'' + kq'. \qquad (1)$$

В этом случае кинетическая, потенциальная и тепловая энергии имеют соответственно вид:

$$K(q) = mq'^2/2, \quad P(q) = -fq, \quad Q(q) = kqq'. \qquad (2)$$

Запишем энержиан (1.5) для этого случая:

$$\Re(q) = mq'^2/2 + fq - kqq'. \qquad (3)$$

Уравнение квазиэкстремали в этом случае принимает вид (1). Представим расщепленный энержиан в виде

$$\Re_2(x,y) = \begin{bmatrix} my'^2 + fy - kx'y \\ mx'^2 + fx - kxy' \end{bmatrix}. \qquad (4)$$

Можно заметить аналогию между энержианами для электротехники и для этого примера, откуда следует, что утверждение 1 для этого примера доказано. Впрочем, это же непосредственно следует из утверждения 2.

1.4. Математическое отступление

Введем следующие обозначения:

$$y' = \frac{dy}{dt}, \quad \hat{y} = \int_0^t y\,dt. \qquad (1)$$

Известна формула Эйлера-Пуассона для вариации функционала от функции $f(y, y', y'', ...)$ [1]. По аналогии запишем такую же формулу для функции

$$f(..., \hat{y}, y, y', y'', ...): \qquad (2)$$

$$\mathrm{var} = ... - \int_0^t f'_{\hat{y}}\,dt + f'_y - \frac{d}{dt}f'_{y'} + \frac{d^2}{dt^2}f'_{y''} - ... \qquad (3)$$

В частности, если $f() = xy'$, то $\text{var} = -x'$; если $f() = x\hat{y}$, то $\text{var} = -\hat{x}$. Равенство нулю вариации (1) является необходимым условием экстремума функционала от функции (2).

1.5. Действие для мощностей

В дальнейшем будем говорить о мощности энергии (кинетической, потенциальной, тепловой) как об изменении этой энергии в единицу времени. Будем рассматривать эти мощности, как функции <u>интегральных обобщенных координат</u> $\hat{i} = q$ - интегралов i от обобщенных координат q. Будем обозначать эти мощности как $\hat{K}(i)$, $\hat{P}(i)$, $\hat{Q}(i)$. Важно отметить следующее. Функции энергии в качестве аргументов содержат обобщенные координаты q и их производные q', q''. Функции мощности в качестве аргументов содержат интегральные обобщенные координаты i, их производные i' и их интегралы $\hat{i}$.

Рассмотрим действие-2 для мощностей и определим его как определенный интеграл - функционал

$$\hat{S}(i) = \int_{t_1}^{t_2} \left(\hat{K}(i) + \hat{P}(i) \right) dt \qquad (1)$$

от суммы кинетической и потенциальной мощностей

$$\hat{\Lambda}(i) = \hat{K}(i) + \hat{P}(i). \qquad (2)$$

и назовем эту сумму <u>лагранжианом-2</u>.

Принцип наименьшего действия можно распространить и на действие-2, т.е. утверждать, что экстремали функционала (1) являются уравнениями реальных динамических процессов относительно <u>интегральных обобщенных координат</u>. Однако экстремали при этом должны вычисляться по формуле (4.3).

Пример 1. Рассмотрим пример из раздела 3, для которого применимо уравнение (3.1) или, при отсутствии тепловых потерь,

$$f = m \cdot i'. \qquad (3)$$

В этом случае кинетическая и потенциальная мощности имеют соответственно вид:

$$\hat{K}(i) = m \cdot i \cdot i', \quad \hat{P}(i) = -f \cdot i. \qquad (4)$$

Запишем лагранжиан-2 (2) для этого случая:

$$\hat{\Re}(i) = m \cdot i \cdot i' - f \cdot i. \qquad (5)$$

Уравнение экстремали для функционала (1) в этом случае совпадает с уравнением (3).

Пример 2. Рассмотрим еще пример из раздела 2, для которого применимо уравнение (2.2) или, при отсутствии тепловых потерь,

$$S\hat{i} + Li' - E = 0. \qquad (6)$$

В этом случае кинетическая и потенциальная мощности имеют соответственно вид:

$$\hat{K}(i) = L \cdot i \cdot i', \quad \hat{P}(i) = S \cdot \hat{i} \cdot i - E \cdot i. \qquad (7)$$

Запишем лагранжиан-2 (2) для этого случая:

$$\hat{\Re}(i) = L \cdot i \cdot i' + S \cdot \hat{i} \cdot i - E \cdot i. \qquad (8)$$

Уравнение экстремали для функционала (1) в этом случае может быть получено по формуле (4.3) и совпадает с уравнением (6).

1.6. Полное действие для мощностей

В данном случае полное действие-2 является определенным интегралом - функционалом

$$\hat{\Phi}(i) = \int_{t_1}^{t_2} \hat{\Re}(i) dt \qquad (1)$$

от величины

$$\hat{\Re}(i) = \left(\hat{K}(i) + \hat{P}(i) + \hat{Q}(i)\right), \qquad (2)$$

которую будем называть <u>энержианом-2</u>. В этом случае <u>квазиэкстремаль полного действия-2</u> определим как

$$\frac{\partial \left(\dfrac{\hat{Q}}{2} + \hat{P} + \hat{K}\right)}{\partial i} = 0. \qquad (3)$$

Функционал (1) принимает <u>экстремальное значение</u> на этих квазиэкстремалях. **Принцип экстремального полного действия-2** утверждает, что квазиэкстремали этого функционала являются уравнениями реальных динамических процессов относительно интегральных обобщенных координат i.

Определим экстремальное значение функционала (1, 2). Для этого, как и ранее, "расщепим" функцию $i(t)$ на две независимые функции $x(t)$ и $y(t)$, а функционалу (1) поставим в соответствие функционал

$$\hat{\Phi}_2(x, y) = \int_{t_1}^{t_2} \hat{\Re}_2(x, y) dt, \qquad (4)$$

который будем называть "расщепленным" полным действием-2. Функцию $\hat{\Re}_2(x, y)$ будем называть "расщепленным" энержианом-2. Этот функционал минимизируется по функции $x(t)$ при фиксированной функции $y(t)$ и максимизируется по функции $y(t)$ при фиксированной функции $x(t)$. Как и ранее, квазиэкстремаль (3) функционала (1) является суммой $i = x_o + y_o$ экстремалей x_o, y_o функционала (4), определяющих седловую точку этого функционала.

1.7. Энержиан-2 в механике

Как и в разделе 3 рассмотрим пример, для которого применимо уравнение (3.1) или

$$f = m \cdot i' + k \cdot i . \qquad (1)$$

В этом случае кинетическая, потенциальная и тепловая мощности имеют соответственно вид:

$$\hat{K}(i) = m \cdot i \cdot i', \quad \hat{P}(i) = -f \cdot i, \quad \hat{Q}(q) = k \cdot i^2 . \qquad (2)$$

Запишем энержиан-2 (6.2) для этого случая:

$$\hat{\Re}(i) = m \cdot i \cdot i' - f \cdot i + \frac{1}{2} k \cdot i^2 . \qquad (3)$$

Уравнение квазиэкстремали в этом случае принимает вид (1).

1.8. Энержиан-2 в электротехнике

Рассмотрим электрическую цепь, уравнение которой имеет вид (2.2) или

$$S \cdot \hat{i} + L \cdot i' + R \cdot i - E = 0 . \qquad (1)$$

В такой цепи кинетическая, потенциальная и тепловая мощности имеют соответственно вид:

$$\hat{K}(i) = L \cdot i \cdot i', \quad \hat{P}(i) = S \cdot \hat{i} \cdot i - E \cdot i, \quad \hat{Q}(i) = R \cdot i^2 . \qquad (2)$$

Запишем энержиан-2 (6.2) для этого случая:

$$\hat{\Re}(i) = L \cdot i \cdot i' + S \cdot \hat{i} \cdot i - E \cdot i + \frac{1}{2} R \cdot i^2 . \qquad (3)$$

Уравнение квазиэкстремали в этом случае принимает вид (1).

Представим теперь расщепленный энержиан-2 в виде

$$\Re_2(x,y) = \begin{bmatrix} S(x\dot{y} - \dot{x}y) + L(xy' - x'y) + \\ + R(x^2 - y^2) - E(x - y) \end{bmatrix}. \quad (4)$$

При этом экстремали интеграла (6.4) по функциям $x(t)$ и $y(t)$, найденные по уравнению (4.3), примут соответственно вид:

$$2S\dot{y} + 2Ly' + 2Rx - E = 0, \quad (5)$$
$$2S\dot{x} + 2Lx' + 2Ry - E = 0. \quad (6)$$

Из симметрии уравнений (5, 6) следует, что оптимальные функции x_0 и y_0, удовлетворяющие этим уравнениям, удовлетворяют также условию

$$x_0 = y_0. \quad (7)$$

Складывая уравнения (5) и (6), получаем уравнение (1), где

$$q = x_o + y_o. \quad (8)$$

Следовательно, уравнение (1) является необходимым условием существования седловой линии. В [22, 23] показано, что достаточным условием для существования <u>единственной седловой линии</u> является знакоопределенность матрицы L, что выполняется в любой электрической цепи.

1.9. Энержиан-2 в электродинамике

Предложенный метод автор применил также к электродинамике [22, 23, 38].

1.10. Заключение

Функционалы (1.7) и (6.4) имеет глобальную седловую линию и поэтому для расчета физических систем с таким функционалом можно применить метод градиентного спуска к седловой точке. Поскольку глобальный экстремум существует, то и решение существует всегда. Далее предложенный метод применяется к гидродинамике.

Глава 2. Принцип экстремума полного действия для гидродинамики

2.1. Уравнения гидродинамики для вязкой несжимаемой жидкости

Уравнения гидродинамики для вязкой несжимаемой жидкости имеют следующий вид [2]:

$$\text{div}(v) = 0, \qquad (1)$$

$$\rho\frac{\partial v}{\partial t} + \nabla p - \mu\Delta v + \rho(v\cdot\nabla)v - \rho F = 0, \qquad (2)$$

где

$\rho = \text{const}$ - постоянная плотность,

μ - коэффициент внутреннего трения,

p - неизвестное давление,

$v = [v_x, v_y, v_z]$ - неизвестная скорость, вектор,

$F = [F_x, F_y, F_z]$ - известная массовая сила, вектор,

x, y, z, t - пространственные координаты и время.

Напоминание обозначений ∇p, Δv, $(v\cdot\nabla)v$ приведено ниже в приложении 1. Далее буквой "р" будут обозначаться формулы, приведенные в этом приложении.

2.2. Баланс мощности

Умов [1] рассмотрел для жидкости условие баланса удельных (по объему) мощностей в потоке жидкости. Для невязкой и несжимаемой жидкости это условие имеет вид (см. (56) в [1] и приложении 2)

$$P_1(v) + P_5(v) + P_4(p, v) = 0, \qquad (3)$$

а для вязкой и несжимаемой жидкости - вид (см. (80) в [1] и приложение 2)

$$P_1(v) + P_5(v) + P_2(p, v) = 0, \qquad (4)$$

где

$$P_1 = \frac{\rho}{2}\frac{\partial W^2}{\partial t}, \qquad (5)$$

$$P_2 = \begin{cases} v_x\left(\dfrac{dp_{xx}}{dx} + \dfrac{dp_{xy}}{dy} + \dfrac{dp_{xz}}{dz}\right) + \\ v_y\left(\dfrac{dp_{xy}}{dx} + \dfrac{dp_{yy}}{dy} + \dfrac{dp_{yz}}{dz}\right) + \\ v_z\left(\dfrac{dp_{xz}}{dx} + \dfrac{dp_{yz}}{dy} + \dfrac{dp_{zz}}{dz}\right) \end{cases} \qquad (6)$$

$$P_4 = v \cdot \nabla p, \qquad (7)$$

$$P_5 = \frac{1}{2}\rho\left(v_x \frac{dW^2}{dx} + v_y \frac{dW^2}{dy} + v_z \frac{dW^2}{dz}\right), \qquad (8)$$

где

$$W^2 = v_x^2 + v_y^2 + v_z^2, \qquad (9)$$

p_{xy} и т.п. – напряжения (см. (р24) в приложении 1).

Здесь P_1 - мощность изменения кинетической энергии, P_4 - мощность изменения работы давлений, P_5 - мощность изменения энергии при изменении направления потока. В приложении 1 показано, что

$$P_5 = \rho \cdot v \cdot ((v \cdot \nabla) \cdot v), \qquad (9a)$$

- см. формулы (р15, р18). Величина

$$P_7(p,v) = P_5(v) + P_4(p,v) \qquad (10)$$

является, как показано Умовым, мощностью изменения потока энергии через заданный объем жидкости – ср. (56) и (58) в [1] и приложении 2. Таким образом, из (9а, 10, 7) получаем:

$$P_7 = \rho \cdot v \cdot ((v \cdot \nabla) \cdot v) + v \cdot \nabla p. \qquad (10a)$$

В [2] показано, что для несжимаемой жидкости выполняется равенство

$$\begin{pmatrix} \dfrac{dp_{xx}}{dx} + \dfrac{dp_{xy}}{dy} + \dfrac{dp_{xz}}{dz} \\ \dfrac{dp_{xy}}{dx} + \dfrac{dp_{yy}}{dy} + \dfrac{dp_{yz}}{dz} \\ \dfrac{dp_{xz}}{dx} + \dfrac{dp_{yz}}{dy} + \dfrac{dp_{zz}}{dz} \end{pmatrix} = \nabla p - \mu \cdot \Delta v \cdot \quad (11)$$

Это следует из (p24). Отсюда следует, что

$$P_2 = v(\nabla p - \mu \cdot \Delta v) \quad (12)$$

или, с учетом (6),

$$P_2 = P_4 - P_3 \quad (13)$$

где

$$P_3 = \mu \cdot v \cdot \Delta v \quad (14)$$

- мощность изменения потерь энергии на внутреннее трение при движении. Поэтому перепишем (4) в виде

$$P_1(v) + P_5(v) + P_4(p,v) - P_3(v) = 0, \quad (15)$$

Дополним еще условие (15) мощностью массовых сил

$$P_6 = \rho F v. \quad (16)$$

Тогда для вязкой несжимаемой жидкости окончательно получим условие баланса мощностей в виде

$$P_1(v) + P_5(v) + P_4(p,v) - P_3(v) - P_6(v) = 0. \quad (17)$$

Учитывая условие (1) и формулу (p1a) перепишем (7) в виде

$$P_4 = \text{div}(v \cdot p), \quad (18)$$

Учитывая (p9a), условие (1) и формулу (p1a) перепишем (8) в виде

$$P_5 = \rho \cdot div(v \cdot W^2) \quad (19)$$

Из (18, 19) и формулы Остроградского (p28) находим:

$$\iiint_V P_4 dV = \iiint_V \text{div}(v \cdot p) dV = \iint_S p_S \cdot v_n \cdot dS, \quad (20)$$

$$\iiint_V P_5 dV = \rho \iiint_V div(v \cdot W^2) dV = \rho \iint_S W^2 v_n dS \quad (20a)$$

или, с учетом (p15),

$$\iiint_V P_5 dV = \rho \iiint_V div(v \cdot G(v)) dV = \rho \iint_S W^2 v_n dS \quad (21)$$

Возвращаясь снова к определениям мощностей (7, 8), отсюда получаем:

$$\iiint\limits_V (v \cdot \nabla p) dV = \iint\limits_S p_S \cdot v_n \cdot dS, \qquad (21а)$$

$$\iiint\limits_V (v \cdot \nabla (W^2)) dV = \iint\limits_S W^2 \cdot v_n \cdot dS \qquad (21в)$$

или

$$\iiint\limits_V (v \cdot G(v)) dV = \iint\limits_S W^2 \cdot v_n \cdot dS. \qquad (21с)$$

2.3. Энержиан и квазиэкстремаль

Для дальнейшего объединим неизвестные функции в вектор вида

$$q = [p, v] = \lfloor p, v_x, v_y, v_z \rfloor. \qquad (22)$$

Этот вектор и все его компоненты являются функциями от (x, y, z, t). Рассматривается поток жидкости в объеме V. Полное действие-2 в гидродинамике представим в виде

$$\Phi = \int\limits_0^T \left\{ \int\limits_V \Re(q(x, y, z, t)) dV \right\} dt, \qquad (23)$$

Имея в виду (17) и определение энержиана-2, запишем энержиан-2 в следующем виде:

$$\Re(q) = P_1(v) - \frac{1}{2} P_3(v) + P_4(q) + P_5(v) - P_6(v). \qquad (24)$$

Ниже в приложении 1 показано — см. (p8, p15, p18):

$$P_1 = \rho \cdot v \frac{dv}{dt}, \qquad (25)$$

$$P_5 = \rho \cdot v \cdot G(v), \qquad (26)$$

где

$$G(v) = (v \cdot \nabla) v. \qquad (27)$$

С учетом этого перепишем энержиан (24) в развернутом виде:

$$\Re(q) = \rho \cdot v \frac{dv}{dt} - \frac{1}{2} \mu \cdot v \cdot \Delta v + \text{div}(v \cdot p) + \rho \cdot v \cdot G(v) - \rho Fv. \qquad (28)$$

Далее будем обозначать производную, вычисляемую по формуле Остроградского (p23), символом $\dfrac{\partial_o}{\partial v}$, в отличие от обычной частной производной $\dfrac{\partial}{\partial v}$. Учитывая (p19), получаем

$$\left.\begin{array}{l} \dfrac{\partial}{\partial v}\left(P_1\left(v,\dfrac{dv}{dt}\right)\right)=\rho\dfrac{dv}{dt};\ \dfrac{\partial_o}{\partial v}(P_3(v))=\mu\cdot\Delta v;\\[2mm] \dfrac{\partial}{\partial q}(P_4(q))=\left|\begin{array}{c}\text{div}(v)\\ \nabla(p)\end{array}\right|;\ \dfrac{\partial}{\partial v}(P_5(v,G(v)))=\rho(v\cdot\nabla)v;\\[2mm] \dfrac{\partial_o}{\partial v}(P_6(v))=\rho F. \end{array}\right\} \quad (29)$$

В соответствии с главой 1 запишем квазиэкстремаль в следующем виде:

$$\left[\begin{array}{l}\dfrac{\partial}{\partial v}\left(P_1\left(v,\dfrac{dv}{dt}\right)\right)+\dfrac{1}{2}\dfrac{\partial_o}{\partial v}(P_3(v))+\dfrac{\partial}{\partial q}(P_4(q))\\[2mm] +\dfrac{\partial}{\partial v}(P_5(v,G(v)))-\dfrac{\partial_o}{\partial v}(P_6(v))\end{array}\right]=0. \quad (30)$$

Из (29) следует, что квазиэкстремаль (30) после дифференцирования совпадает с уравнениями (1, 2).

2.4. Расщепленный энержиан-2

Рассмотрим расщепленные функции (22) в виде

$$q'=[p',v']=\lfloor p',v'_x,v'_y,v'_z\rfloor, \quad (31)$$

$$q''=[p'',v'']=\lfloor p'',v''_x,v''_y,v''_z\rfloor. \quad (32)$$

Представим расщепленный энержиан с учетом формулы (p18) в виде

$$\Re_2(q',q'')=\left\{\begin{array}{l}\rho\cdot\left(v'\dfrac{dv''}{dt}-v''\dfrac{dv'}{dt}\right)-\mu\cdot(v'\Delta v'-v''\Delta v'')\\[2mm] +2(\text{div}(v'\cdot p'')-\text{div}(v''\cdot p'))+\\[2mm] \rho\cdot(v'G(v'')-v''G(v'))-\rho\cdot F(v'-v'')\end{array}\right\}\cdot \quad (33)$$

Функционалу (23) поставим в соответствие функционал расщепленного полного действия

$$\Phi_2 = \int_0^T \left\{ \int_V \Re_2(q', q'') dV \right\} dt, \qquad (34)$$

По формуле Остроградского (р23) найдем вариации функционала (34) от функций q'. При этом учтем полученные в приложении 1 формулы (р22). Тогда имеем:

$$\frac{\partial_o \Re_2}{\partial p'} = b_{p'}, \qquad (35)$$

$$\frac{\partial_o \Re_2}{\partial v'} = b_{v'}, \qquad (36)$$

$$b_{p'} = 2\mathrm{div}(v''), \qquad (37)$$

$$b_{v'} = \left\{ \begin{array}{l} 2\rho \cdot \dfrac{dv''}{dt} - 2\mu \cdot \Delta v' + 2\nabla(p'') \\ + 2\rho \cdot [G(v'') + G_1(v', v'')] - \rho \cdot F \end{array} \right\}. \qquad (38)$$

Итак, вектор

$$b' = \lfloor b_{p'}, b_{v'} \rfloor \qquad (39)$$

является вариацией функционала (34), а условие

$$b' = \lfloor b_{p'}, \ b_{v'} \rfloor = 0 \qquad (40)$$

является необходимым для существования <u>экстремальной линии</u>. Аналогично,

$$b'' = \lfloor b_{p''}, \ b_{v''} \rfloor = 0 \qquad (41)$$

Уравнения (40, 41) являются необходимыми условиями для существования <u>седловой линии</u>. Из симметрии этих уравнений следует, что оптимальные функции q'_0 и q''_0, удовлетворяющие этим уравнениям, удовлетворяют также условию

$$q'_0 = q''_0. \qquad (42)$$

Вычитая попарно уравнения (40, 41) с учетом (37, 38), получаем

$$2\mathrm{div}(v' + v'') = 0, \qquad (43)$$

$$\left\{ \begin{array}{l} 2\rho \cdot \dfrac{d(v' + v'')}{dt} - 2\mu \cdot \Delta(v' + v'') + 2\nabla(p' + p'') - 2\rho \cdot F \\ + 2\rho \cdot [G(v') + G(v'') + G_1(v', v'') + G_2(v', v'')] \end{array} \right\} = 0. \quad (44)$$

При $v' = v''$ в соответствии с (p20) имеем:
$$[G(v') + G(v'') + G_1(v',v'') + G_2(v',v'')] = G(v'+v''). \qquad (45)$$
Учитывая (45, 27) и сокращая (43, 44) на 2, получаем уравнения (1, 2), где
$$q = q'_0 + q''_0 \qquad (46)$$
– см. (22, 31, 32), т.е. уравнения экстремальной линии являются уравнениями Навье-Стокса.

2.5. О достаточных условиях экстремума

Перепишем функционал (34) в виде
$$\Phi_2 = \int_0^T \left\{ \oint_z \left\{ \oint_y \left\{ \oint_x \Re_2(q',q'') dx \right\} dy \right\} dz \right\} dt, \qquad (47)$$

где векторы q', q'' определенны по (31, 32), $X = (x,y,z,t)$ – вектор независимых переменных. Далее будем варьировать только функции $q'(X) = [p'(X), v'(X)]$.

Вектор b, определенный по (39), является вариацией функционала Φ_2 по функции q' и зависит от функции q', т.е. $b = b(q')$. Здесь функция q'' фиксирована.

Пусть S – экстремаль и, следовательно, в ней градиент $b_S = 0$. Для выяснения характера этого экстремума исследуем знак приращения функционала
$$\delta\Phi_2 = \Phi_2(S) - \Phi_2(C), \qquad (48)$$
где C – линия сравнения, в которой $b = b_c \neq 0$. Пусть значения вектора q' на линиях S и C отличаются на
$$q'_C - q'_S = q' - q'_S = \delta q' = a \cdot b, \qquad (49)$$
где b – вариация на линии C, a – известное число. Итак,
$$q' = q'_S + a \cdot b = \begin{vmatrix} p'_S \\ v'_S \end{vmatrix} + a \begin{vmatrix} b_p \\ b_v \end{vmatrix}. \qquad (50)$$
где b_p, b_v определяются по (35, 36) соответственно и не зависят от q'. Если
$$\delta\Phi_2 = a \cdot A, \qquad (51)$$

где A - знакопостоянная величина в окрестности экстремали $b_S = 0$, то эта экстремаль является достаточным условием экстремума. Если, кроме того, A - знакопостоянная величина во всей области определения функции q', то эта экстремаль определяет глобальный экстремум.

Из (48) находим

$$\delta \Re_2 = \Re_2(S) - \Re_2(C) = \Re_2(q'_S) - \Re_2(q'), \quad (52)$$

или, с учетом (33, 50),

$$\delta \Re_2 = \begin{cases} -\rho \cdot \left((v'_s + ab_v) \dfrac{dv''}{dt} - v'' \dfrac{d(v'_s + ab_v)}{dt} \right) \\ -\mu \cdot \left((v'_s + ab_v) \Delta (v'_s + ab_v) - v'' \Delta (v'') \right) \\ +2 \left((v'_s + ab_v) \cdot \nabla (p'') - v'' \cdot \nabla (p'_s + ab_p) \right) \\ +2\rho \cdot \left((v'_s + ab_v) G(v'') - v'' G(v'_s + ab_v) \right) \\ -\rho \cdot F \left((v'_s + ab_v) - v'' \right) \end{cases} \quad (53)$$

Учитывая (р21), получаем:

$$G(v'_s + ab_v) = G(v'_s) + a[G_1(v'_s, b_v) + G_2(v'_s, b_v)] + a^2 G(b_v). (54)$$

При этом (53) преобразуется к виду

$$\delta \Re_2 = \Re_{20} + \Re_{21} a + \Re_{22} a^2, \quad (55)$$

где $\Re_{20}, \Re_{21}, \Re_{22}$ – не зависящие от a функции вида

$$\Re_{20} = \begin{cases} \rho \cdot \left(v'_s \dfrac{dv''}{dt} - v'' \dfrac{d(v'_s)}{dt} \right) \\ -\mu \cdot (v'_s \Delta (v'_s) - v'' \Delta (v'')) + 2(v'_s \nabla (p'') - v'' \cdot \nabla (p'_s)) \\ +2\rho \cdot (v'_s G(v'') - v'' G(v'_s)) - \rho \cdot F(v'_s - v'') \end{cases}, (56)$$

$$\Re_{21} = \begin{cases} \rho \cdot \left(b_v \dfrac{dv''}{dt} - v'' \dfrac{db_v}{dt} \right) - \mu \cdot (b_v \Delta v'_s + v'_s \Delta (b_v)) \\ +2(b_v \cdot \nabla (p'') - v'' \cdot \nabla (b_p)) + \\ 2\rho (b_v G(v'') - v''(G_1(v'_s, b_v) + G_2(v'_s, b_v))) - \rho \cdot F \cdot b_v \end{cases}, (57)$$

$$\Re_{22} = -\mu b_v \Delta(b_v) - 2\rho v'' G(b_v). \tag{58}$$

Найдем теперь

$$\frac{\partial^2(\partial\Re_2)}{\partial a^2} = \Re_{22} \tag{59}$$

Эта функция зависит от q'. Для доказательства того, что необходимое условие (40) является также и достаточным условием глобального экстремума функционала (47) по функции q', необходимо доказать, что величина интеграла

$$\frac{\partial^2 \Phi_2}{\partial a^2} = \int_0^T \left\{ \int_V \partial\Re_2(q',q'')dV \right\} dt \tag{60}$$

или, что одно и то же, интеграла

$$\frac{\partial^2 \Phi_2}{\partial a^2} = \int_0^T \left\{ \int_V \Re_{22} dV \right\} dt \tag{61}$$

знакопостоянна. Аналогично, для доказательства того, что необходимое условие (41) является также и достаточным условием глобального экстремума функционала (47) по функции q'', необходимо доказать, что величина интеграла, аналогичного (60), знакопостоянна.

Уточним понятия и будем говорить, что уравнения Навье-Стокса имеют глобальное решение, если для них существует единственное ненулевое решение в данной области существования жидкости.

В вышеприведенных интегралах не рассматривался поток энергии через границы области. Поэтому вышеизложенное можно сформулировать в виде следующей леммы.

Лемма 1. Уравнения Навье-Стокса для несжимаемой жидкости имеют глобальное решение в неограниченной области, если величина интеграла (61, 58) знакопостоянна при любой скорости течения.

2.6. Краевые условия

Краевые условия определяют поток энергии через границы и, вообще говоря, могут изменить уравнение баланса мощности. Рассмотрим частные случаи границ.

2.6.1. Абсолютно твердые и непроницаемые стенки

Если скорость имеет нормальную к стенке составляющую, то стенка получает от жидкости энергию и полностью возвращает ее в жидкость (изменяя направление скорости). Тангенциальная составляющая скорости равна нулю (эффект прилипания). Следовательно, такие стенки не изменяют энергию системы. Однако отраженная от стенок энергия создает внутренний поток энергии, циркулирующий между стенками. Таким образом, в этом случае все вышеприведенные формулы остаются без изменения, но условия на стенках (непроницаемость, прилипание) не должны формулироваться явно – они появляются в результате решения задачи при интегрировании в ограниченной стенками области. Тут справедлива

Лемма 2. Уравнения Навье-Стокса для несжимаемой жидкости имеют глобальное решение в области, ограниченной абсолютно твердыми и непроницаемые стенками, если величина интеграла (61, 58) знакопостоянна при любой скорости течения.

2.6.2. Системы с определенным внешним давлением

При наличии внешнего давления условие баланса мощностей (17) дополняется еще одним слагаемым – мощностью работы сил давления

$$P_8 = p_s \cdot v_n, \qquad (62)$$

где

p_s - внешнее давление,

S - поверхность, где определено давление,

v_n - нормальная составляющая скорости потока, входящего в поверхность S.

В этом случае полное действие представляется в виде

$$\Phi = \int_0^T \left\{ \int_V \Re(q(x,y,z,t)dV + \int_S P_8(q(x,y,z,t)dV \right\} dt. \quad (63)$$

Для удобства изложения рассмотрим функцию Q, определенную на области существования течения и принимающую нулевое значение на всех точках этой области, кроме точек, принадлежащих поверхности S. Тогда (63) можно переписать в виде

$$\Phi = \int_0^T \left\{ \oint_V \Re(q(x,y,z,t)dV \right\} dt, \qquad (64)$$

где энержиан

$$\hat{\Re}(q) = \Re(q) + Q \cdot P_8(v_n). \qquad (65)$$

Можно заметить, что здесь последнее слагаемое идентично мощности массовых сил в том смысле, что и то, и другое зависит только от скорости. Поэтому все предыдущие формулы можно распространить и на этот случай, выполнив в них замену

$$F \Rightarrow F + Q \cdot p_S / \rho. \qquad (66)$$

Следовательно, тут справедлива

Лемма 3. Уравнения Навье-Стокса для несжимаемой жидкости имеют глобальное решение в области, ограниченной поверхностями с определенным давлением, если величина интеграла (61, 58) знакопостоянна при любой скорости течения.

Такой поверхностью может быть свободная поверхность или поверхность, где давление определено условиями задачи (например, заданным давлением в сечении трубы).

Заметим еще, что давление p_S может быть включено в функционал полного действия формально, без привлечения физических обоснований. Действительно, при наличии внешнего давления появляется дополнительное ограничение (21а). В [4] показано, что такая задача поиска экстремума некоторого функционала при интегральных ограничениях (определенных интегралах фиксированной величины) эквивалентна поиску экстремума суммы данного функционала и интегрального ограничения. Точнее, в нашем случае надо искать экстремум функционала

$$\Phi = \int_0^T \left\{ \oint_V \hat{\Re}(q(x,y,z,t))dV \right\} dt, \qquad (67)$$

$$\hat{\Re}(q(x,y,z,t)) = \left\{ \begin{array}{l} \Re(q(x,y,z,t)) + \\ \lambda \cdot (-v \cdot \nabla p + Q \cdot p_S \cdot v_n) \end{array} \right\}, \qquad (68)$$

где λ – неизвестный скалярный множитель. Он определяется при известных начальных условиях [4]. При $\lambda = 1$ после приведения подобных энержиан (68) снова принимает вид (65), что и требовалось показать.

2.6.3. Системы с генерирующими поверхностями

В гидродинамике часто используется представление о некоторой поверхности, через которую в данный объем жидкости поступает поток с неизменной скоростью, т.е. скоростью, которая НЕ зависит от процессов, протекающих в данном объеме. Энергия, поступающая в данный объем с этим потоком, очевидно, пропорциональна квадрату модуля скорости и постоянна. Будем называть такую поверхность генерирующей поверхностью. (Заметим, что это к какой-то мере аналогично источнику стабилизированного постоянного тока, величина которого не зависит от сопротивления электрической цепи.)

При наличии генерирующей поверхности условие баланса мощностей (17) дополняется еще одним слагаемым – мощностью потока с постоянным квадратом модуля скорости

$$P_9 = W_s^2 \cdot v_n, \qquad (69)$$

где

W_s - квадрат модуля скорости входного потока,

S - поверхность, где определено давление,

v_n - нормальная составляющая скорости потока, входящего в поверхность S.

Можно заметить формальную аналогию между W_s и p_s. Поэтому и здесь можно рассматривать функционал (64), где энержиан

$$\hat{\Re}(q) = \Re(q) + Q \cdot P_9(v_n), \qquad (70)$$

а затем выполнить замену

$$F \Rightarrow F + Q \cdot W_s^2 / \rho. \qquad (71)$$

Следовательно, и тут справедлива

Лемма 4. Уравнения Навье-Стокса для несжимаемой жидкости имеют глобальное решение в области, ограниченной генерирующей поверхностью с определенным давлением, если величина интеграла (61, 58) знакопостоянна при любой скорости течения.

Заметим еще, что W_s давление p_s может быть включено в функционал полного действия формально, без привлечения физических обоснований (аналогично давлению p_S). Действительно, при наличии внешнего давления появляется дополнительное ограничение (21c). Включая это интегральное ограничение в задачу поиска экстремума функционала (23), вновь получаем энержиан (70).

2.6.4. Замкнутые системы

Назовем систему замкнутой, если она ограничена
- абсолютно твердые и непроницаемые стенки,
- поверхностями с определенным внешним давлением,
- генерирующими поверхностями или
- ничем не ограничена.

В последнем случае систему будем называть абсолютно замкнутой. Такой случай возможен. Например, локальные массовые силы в безбрежном океане создают такую систему и ниже будет рассмотрен соответствующий пример. Возможен также случай, когда система ограничена стенками, с которыми жидкость не обменивается энергией. Например, поток в бесконечной трубе под действием осевых массовых сил. Ниже также будет рассмотрен соответствующий пример.

Как следствие лемм 1-4 справедлива

Теорема 1. Уравнения Навье-Стокса для несжимаемой жидкости имеют глобальное решение в данной области, если
- область существования жидкости является замкнутой,
- величина интеграла (61, 58) знакопостоянна при любой скорости течения.

Свободная поверхность, находящаяся под определенным давлением, также может быть границей замкнутой системы. Однако границы этой поверхности изменчивы, а интегрировать необходимо в пределах объема жидкости. Известно, что поток вещества через некоторую поверхность S определяется как

$$w_S = \iint_S \rho \cdot \mathrm{div}(v) \cdot d\Theta. \qquad (72)$$

Таким образом, краевые условия в виде свободной поверхности учитываются тем, что при решении задачи область интегрирования берется в изменяющихся границах свободной поверхности.

Выше было указано, что мощность изменения потока энергии определяется по (10). В абсолютно замкнутой системе эта мощность равна нулю. Следовательно, для такой системы энержиан (24) или (28) превращается соответственно в энержиан

$$\Re(q) = P_1(v) + P_3(v) - P_6(v), \qquad (73)$$

$$\Re(q) = \rho \cdot v \frac{dv}{dt} + \mu \cdot v \cdot \Delta v - \rho F v. \qquad (74)$$

Для таких систем уравнения Навье-Стокса принимают вид (1) и

$$\rho \frac{\partial v}{\partial t} - \mu \Delta v - \rho F = 0, \qquad (75)$$

Ниже будут приведены примеры таких систем.

2.7. Модифицированные уравнения Навье-Стокса

Из (р19а) находим, что

$$(v \cdot \nabla) \cdot v = \nabla(W^2)/2, \qquad (76)$$

где $W^2 = \left(v_x^2 + v_y^2 + v_z^2\right)$ - см. (р9в). Подставляя (76) в (2), получаем

$$\rho \frac{\partial v}{\partial t} + \nabla p - \mu \Delta v + \frac{\rho}{2} \nabla(W^2) - \rho F = 0. \qquad (77)$$

Рассмотрим величину

$$D = \left(p + \frac{\rho}{2} W^2\right), \qquad (78)$$

которую будем называть квазидавлением. При этом

$$\nabla D = \left(\nabla p + \frac{\rho}{2} \nabla(W^2)\right), \qquad (78а)$$

Тогда (77) примет вид

$$\rho \frac{\partial v}{\partial t} - \mu \cdot \Delta v + \nabla D - \rho \cdot F = 0. \qquad (79)$$

Систему уравнений (1, 79) будем называть модифицированными уравнениями Навье-Стокса. Решением системы уравнений (1, 79) являются функции v, D, а давление может быть определено по (9, 78). Можно заметить, что уравнение (79) намного проще уравнения (2).

Сказанное можно сформулировать в виде следующей леммы.

Лемма 5. Если данная область несжимаемой жидкости описывается уравнениями Навье-Стокса, то она описывается и модифицированными уравнениями Навье-Стокса, причем решения этих уравнений совпадают.

Отвлекаясь от физики, замечаем, что с математической точки зрения уравнение (79) является частным случаем уравнения (2), и поэтому все предыдущие рассуждения можно повторить для модифицированных уравнений Навье-Стокса. Проделаем это.

Функционал расщепленного полного действия (34) содержит модифицированный расщепленный энержиан

$$\Re_2(q',q'') = \left\{ \begin{array}{l} -\rho \cdot \left(v' \dfrac{dv''}{dt} - v'' \dfrac{dv'}{dt} \right) - \mu \cdot (v'\Delta v' - v''\Delta v'') \\ + (\text{div}(v' \cdot D'') - \text{div}(v'' \cdot D')) - \rho \cdot F(v' - v'') \end{array} \right\}. \quad (80)$$

- см. (33). Градиент этого функционала по функции q' имеет вид (37) и

$$b_v = \left\{ 2\rho \cdot \dfrac{dv''}{dt} - 2\mu \cdot \Delta v' + 2\nabla(D'') - \rho \cdot F \right\}. \quad (81)$$

- см. (38). Слагаемые, входящие в уравнение (55), принимают вид

$$\Re_{21} = \left\{ \begin{array}{l} -\rho \cdot \left(b_v \dfrac{dv''}{dt} - v'' \dfrac{db_v}{dt} \right) - \mu \cdot (b_v \Delta v'_s + v'_s \Delta(b_v)) \\ + 2(b_v \cdot \nabla(D'') - v'' \cdot \nabla(b_p)) - \rho \cdot F \cdot b_v \end{array} \right\}, \quad (82)$$

$$\Re_{22} = -\mu b_v \Delta(b_v). \quad (83)$$

Таким образом, для модифицированных уравнений Навье-Стокса можно по аналогии с теоремой 1 сформулировать следующую теорему.

Теорема 2. Модифицированные уравнения Навье-Стокса для несжимаемой жидкости имеют глобальное решение в данной области, если
- область существования жидкости является замкнутой,
- величина интеграла (61, 83) знакопостоянна при любой скорости течения.

Лемма 6. Интеграл (61, 83) всегда имеет положительное значение.

Доказательство. Рассмотрим интеграл

$$J = \mu \int_0^T \left\{ \oint_V v \cdot \Delta(v) dV \right\} dt \quad (84)$$

Он выражает тепловую энергию, выделяемую жидкостью в результате внутреннего трения. Эта энергия положительна вне зависимости от того, какова функция вектора скорости от координат. Более строгое доказательство этого утверждения дано в приложении 3. Следовательно, интеграл (84) имеет положительное значение при любой скорости. Подставляя в (84) $v = b_v$, получаем интеграл (61, 83), который всегда имеет положительное значение, что требовалось показать.

Следствием лемм 5, 6 и теоремы 2 является следующая теорема.

Теорема 3. Модифицированные уравнения Навье-Стокса (1, 79) для несжимаемой жидкости имеют глобальное решение в замкнутой области.

Решение уравнений (1, 79) позволяет найти скорости. Вычисление давлений **внутри** замкнутой области при известных скоростях выполняется по уравнению (78) или

$$\nabla p + \rho(v \cdot \nabla)v = 0. \qquad (85)$$

2.8. Выводы

1. Среди рассчитываемых объемов потока жидкости можно выделить замкнутые объемы потока жидкости, которые не обмениваются потоком с соседними объемами – т.н. замкнутые системы.

2. Замкнутые системы ограниченны
    - непроницаемыми стенками,
    - поверхностями, находящимися под известным давлением и, в т.ч., свободными поверхностями,
    - т.н. генерирующими поверхностями, через которые поток проходит с известной скоростью.

3. Можно утверждать, что системы, описываемые уравнениями Навье-Стокса и имеющие определенные граничные условия (давления или скорости) на всех границах, являются замкнутыми.

4. Для замкнутых систем глобальное решение модифицированных уравнений Навье-Стокса всегда существует.

5. Решение уравнений Навье-Стокса всегда может быть найдено из решения модифицированных уравнений Навье-Стокса. Следовательно, для замкнутых систем глобальное решение уравнений Навье-Стокса всегда существует.

Глава 3. Вычислительный алгоритм

Метод решения уравнений гидродинамики при известном функционале, имеющем глобальную седловую линию, основан на следующем [22, 23]. Для данного функционала от двух функций q_1, q_2 формируются еще два вторичных функционала от этих же функций q_1, q_2. Каждый из вторичных функционалов имеет глобальную седловую линию. Поиск экстремума основного функционала заменяется на поиск экстремума двух вторичных функционалов, причем движение по градиентам этих функционалов выполняется одновременно. Для реализации этого метода в общем случае требуется использовать операционное исчисление [22, 23]. Однако в частных случаях алгоритм существенно упрощается.

Другая сложность вызвана тем, что в процессе вычислений необходимо интегрировать по всей области течения. Однако иногда эта область бесконечна и полное интегрирование невозможно. Тем не менее, и для бесконечной области решение возможно, если скорость потока затухает.

Далее мы рассмотрим только некоторые частные случаи.

Глава 5. Стационарные задачи

1. Общий случай

Отметим, что в стационарном режиме уравнения (2.1, 2.2) принимают вид

$$\begin{cases} \text{div}(v) = 0, \\ \nabla p - \mu \Delta v + \rho(v \cdot \nabla)v - \rho F = 0, \end{cases} \qquad (1)$$

где неизвестны p, v. Модифицированные уравнения (2.1, 2.79) в стационарном режиме принимают вид

$$\begin{cases} \text{div}(v) = 0, \\ -\mu \cdot \Delta v + \nabla D - \rho \cdot F = 0, \end{cases} \qquad (2)$$

где неизвестны D, v.

Для решения этой системы уравнений рассмотрим функционал

$$\Phi(v) = \oiiint\limits_{x,y,z} Y(v)\, dxdydz, \qquad (3)$$

где

$$Y(v) = \frac{1}{2}\mu \cdot v \cdot \Delta v + \frac{r}{2}(\text{div}(v))^2 + \rho \cdot F \cdot v \qquad (4)$$

r - некоторая константа.

Найдем необходимые условия экстремума этого функционала - уравнения Остроградского [4]:

$$\frac{\partial_o Y(v)}{\partial v} = 0, \qquad (5)$$

где функция Остроградского

$$\frac{\partial_o Y(v)}{\partial v} = \frac{\partial Y(v)}{\partial v} - \frac{d}{dx}\left(\frac{\partial Y(v)}{\partial(dv/dx)}\right) - \frac{d}{dy}\left(\frac{\partial Y(v)}{\partial(dv/dy)}\right) - \frac{d}{dz}\left(\frac{\partial Y(v)}{\partial(dv/dz)}\right). \quad (5а)$$

В (р21а) и (з22) показано, что

$$\frac{\partial_o}{\partial v}((\text{div}(v))^{\wedge}2) = -2\nabla\left(\frac{d^2 v}{dX^2}\right), \qquad (6)$$

$$\frac{\partial_o}{\partial v}(v\Delta(v)) = 2\Delta(v). \qquad (7)$$

Следовательно, уравнение Остроградского - градиент функционала (3) имеет вид:

$$g = -\mu \cdot \Delta v + \nabla D - \rho \cdot F, \qquad (8)$$

где

$$\nabla D = -r \cdot \nabla \left(\frac{d^2 v}{dX^2} \right) \qquad (9)$$

В приложении 6 показано, что <u>функционал (3) является **выпуклым**</u> и минимум функционала (3), достигаемый при выполнении условия равенства нулю градиента (8), т.е.

$$-\mu \cdot \Delta v + \nabla D - \rho \cdot F = 0 \qquad (10)$$

<u>всегда существует</u> и является единственным и глобальным. Следовательно,

> минимизация функционала (3) путем движения по градиенту (8) эквивалентна решению уравнения (10) с неизвестными D, v.

В приложении 6 показано, что

$$\text{div}(v) \to 0 \text{ при } r \to \infty.$$

Таким образом, одновременно с минимизацией дивергенции $\text{div}(v) \to 0$ определяется такое ∇D, которое удовлетворяет уравнению (10). Увеличивая значение $r \to \infty$ можно достигнуть сколь угодно большой точности решения уравнения (10). Следовательно,

> минимизация функционала (3) путем движения по градиенту (8) эквивалентна при достаточно большом r решению системы модифицированных уравнений (1) с неизвестными v, D, т.е. <u>сводится к поиску минимума выпуклого функционала</u> (а не седловой точки, как в общем случае)

После решения системы уравнений (2) давление вычисляется по уравнению (2.78), т.е.

$$p = D - \frac{\rho}{2} W^2, \qquad (11)$$

где

$$W^2 = \left(v_x^2 + v_y^2 + v_z^2 \right) \qquad (12)$$

-см. (р9в).

2. Алгоритм движения по градиенту

Из приложений 6 и 7 следует, что алгоритм движения по градиенту (8) функционала (3) имеет следующий вид:

1. Рассматривается градиент (см. (9, 9а))

$$g = (-\mu \cdot \Delta v + \nabla D - \rho \cdot F) \cdot Q,$$

где Q - трехмерная область существования течения, а все переменные являются трехмерными векторами (в смысле векторной алгебры). Здесь и далее умножение на Q означает, что обнуляются векторы тех точек, которые не находятся в области Q. Далее знак умножения, если он относится к векторам, означает покомпонентное умножение векторов.

2. Рассматривается нулевые значения всех скоростей в области Q.

3. Вычисляются коэффициенты

$$a = \oiiint_Q g \cdot g \cdot dxdydz,$$

$$b = \iiint_Q \left(\mu \cdot g \cdot \Delta b + r \cdot g \cdot \begin{pmatrix} d^2g/dx^2 \\ d^2g/dy^2 \\ d^2g/dz^2 \end{pmatrix} \right) dxdydz.$$

4. Вычисляются новые значения скоростей

$$v \Leftarrow (v - g \cdot a/b) \cdot Q.$$

5. Проверяется критерий остановки вычисления и, если он не выполнен, выполняется переход к п. 3. Критерием остановки может быть достижение баланса мощностей (см. также (1.12)

P6+P3+P7=0.

Этот алгоритм реализуется в программах stationary2modif и st3m для двух- и трехмерной области соответственно.

3. Абсолютно замкнутые системы

Для абсолютно замкнутых систем в стационарном режиме уравнения Навье-Стокса принимают вид

$$\begin{cases} \text{div}(v) = 0, \\ \mu \cdot \Delta v + \rho \cdot F = 0, \end{cases} \quad (13)$$

см. (2.75). При этом

$$\nabla D = 0. \quad (14)$$

Применяя вышеописанный метод поиска решения, мы найдем такое решение, где

$$D \neq 0. \quad (15)$$

Уравнения (14, 15) совместимы только в том случае, если

$$D \equiv \text{const}. \tag{16}$$

Следовательно, решение, в котором выполняется условие (16), относится к замкнутой системе, и наоборот. После решения системы (13) давление также вычисляется по (11).

Глава 6. Динамические задачи

6.1. Общий случай

Запишем вновь модифицированные уравнения (1, 79)

$$\begin{cases} \text{div}(v) = 0, \\ \rho \cdot \dfrac{\partial v}{\partial t} - \mu \cdot \Delta v + \nabla D - \rho \cdot F = 0, \end{cases} \quad (1)$$

Полагая, что время имеет дискретность dt, перепишем (1) в виде

$$\begin{cases} \text{div}(v) = 0, \\ \rho \cdot \dfrac{v_n - v_{n-1}}{dt} - \mu \cdot \Delta v_n + \nabla D - \rho \cdot F_n = 0, \end{cases} \quad (2)$$

где $n = 1,2,3,\ldots$ – номер момента времени. Запишем (2) в виде

$$\begin{cases} \text{div}(v) = 0, \\ \rho \cdot \dfrac{v_n}{dt} - \mu \cdot \Delta v_n + \nabla D - \rho \cdot F'_n = 0, \end{cases} \quad (3)$$

где

$$F'_n = \left(F_n + \frac{v_{n-1}}{dt} \right). \quad (4)$$

При известной скорости v_{n-1} скорость v_n определяется по (4, 3). Решение этого уравнения (3) аналогично решению стационарной задачи. В целом алгоритм решения динамической задачи для замкнутой системы принимает следующий вид

Алгоритм 1

1. Известно v_{n-1} и F_n.
2. Вычисляется v_n по (4, 3).
3. Проверяется норма отклонения

$$\varepsilon = \frac{\partial v_n}{\partial t} - \frac{\partial v_{n-1}}{\partial t} \quad (6)$$

и, если она не превышает заданной величины, расчет заканчивается. В противном случае выполняется присвоение

$$v_{n-1} \Leftarrow v_n \qquad (7)$$

и выполняется переход к п. 1.

Пример 1. Пусть массовые силы в некоторый момент мгновенно принимают определенное значение – происходит скачок массовых сил. Тогда в начальный момент скорость $v_o = 0$ и в первой итерации принимаем $v_{n-1} = 0$. Далее вычисляем в соответствии с приведенным выше алгоритмом 1.

6.2. Замкнутые системы с переменными массовыми силами

Рассмотрим модифицированные уравнения (1, 79) в том случае, когда массовые силы являются синусоидальными функциями времени с круговой частотой ω. В этом случае уравнения (1, 79) принимают вид уравнений с комплексными переменными:

$$\begin{cases} \text{div}(v) = 0, \\ j \cdot \omega \cdot \rho \cdot v - \mu \cdot \Delta v + \nabla D - \rho \cdot F = 0, \end{cases} \qquad (8)$$

где j - мнимая единица.

В приложении 7 рассмотрен дискретный вариант таких уравнений. Там показано, что их решение сводится к поиску седловой точки некоторой функции комплексных переменных.

После решения этих уравнений давление вычисляется по уравнению (5.1).

Глава 7. Пример: расчет миксера

7.1. Постановка задачи

Рассмотрим миксер, у которого лопатки выполнены в виде мелкоячеистой сетки и расположены достаточно часто. Тогда силы давления лопаток на жидкость можно отождествить с массовыми силами.

Массовые силы могут иметь ограниченную область действия Θ (меньшую объема жидкости). Это означает только, что вне этой области массовые силы равны нулю. Кроме того, эти силы могут быть функцией скорости, координат и времени. Рассмотрим некоторые случаи. Например, лопатки миксера действуют на некоторый объем жидкости Θ и сила F_m, приложенная к лопаткам, передается элементам жидкости. Массовая сила F может быть определена по

$$F_m = \iint_\Theta (\mu \cdot \Delta v + \rho F) d\Theta .$$

Предположим еще, что миксер достаточно длинный и поэтому в середине миксера задачу расчета поля скоростей можно рассматривать, как двумерную задачу. Рассмотрим сначала конструкцию без стенок. В такой задаче отсутствуют ограничения и поэтому система является замкнутой (в определенном выше смысле). Применим для ее расчета метод, описанный в главе 5

Пусть массовые силы, создаваемые лопатками миксера и действующие по окружности с центром в начале координат, имеют вид

$$F(R) = e^{-\sigma(R-a)^2}, \qquad (1)$$

где

R - расстояние от текущей точки до оси вращения,

σ, a - некоторые константы.

Расчет сил (1) при (σ, *a*)=(0.1, 6) выполнен в программе `testKolzo (mode=1, variant=4)`. Функция (1) представлена на фиг. 1, а на фиг. 2 показан градиент сил (1).

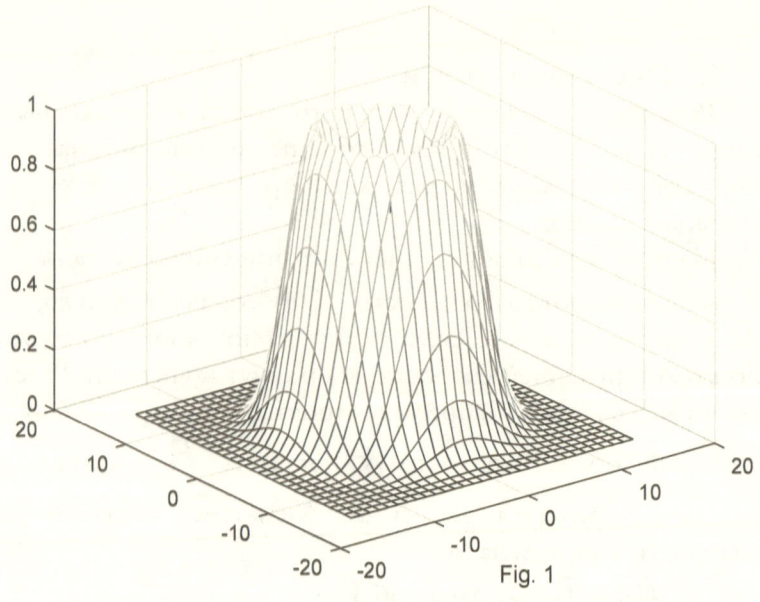

Fig. 1

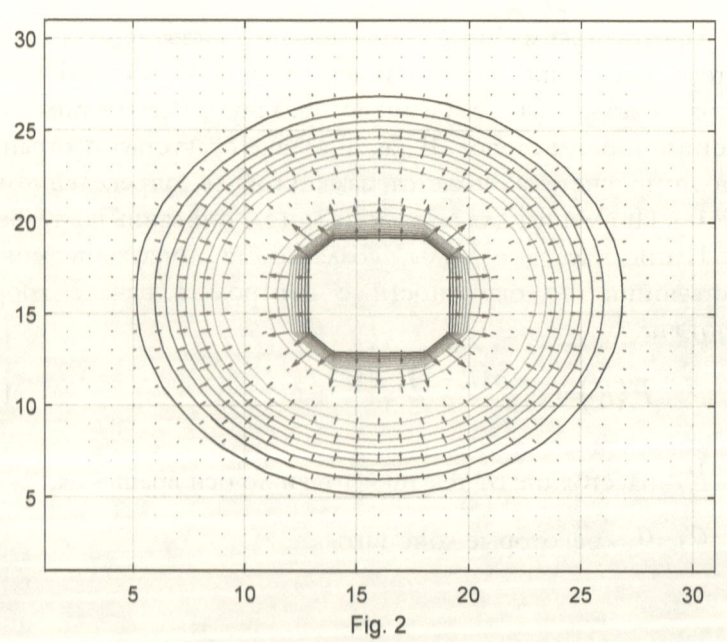

Fig. 2

7.2. Полярные координаты

Если массовые силы являются плоскими и не зависят от угла, то уравнения Навье-Стокса приобретают вид [2]:

$$\frac{v^2}{r} + \frac{1}{\rho}\frac{\partial p}{\partial r} = 0, \qquad (2)$$

$$\rho F + \mu\left(\frac{\partial^2 v}{\partial r^2} + \frac{1}{r}\frac{\partial v}{\partial r} - \frac{v}{r^2}\right) = 0. \qquad (3)$$

Интересно отметить, что в этой системе уравнение для расчета давления через скорость выделено из основного уравнения. Физически это объясняется тем, что данная система является абсолютно замкнутой (в определенном выше смысле). Это подтверждает наше утверждение о том, что <u>расчет скоростей и расчет давлений в абсолютно замкнутой системе могут быть разделены</u>. <u>Условие непрерывности в этой системе также отсутствует, что также соответствует нашему утверждению для абсолютно замкнутой системы.</u>

Итак, поскольку давление в этом случае не входит в уравнение (3), оно может решаться независимо, а давление может быть найдено потом непосредственным интегрированием уравнения (2). Однако уравнение (3) не может быть решено непосредственным интегрированием. Действительно, в зависимости от направления интегрирования (от бесконечности к нулю или наоборот) результаты получаются разными. При интегрировании "от нуля" результат зависит от начальных значений скорости и ее производной, которые не определены условиями задачи.

Тем не менее, должно существовать единственное решение и оно может быть получено предлагаемым методом. Для этого целесообразно перейти к декартовым координатам.

7.3. Декартовы координаты

Проекции сил (1) на оси координат имеют вид

$$F_x(x,y) = \frac{y}{R}e^{-\sigma(R-a)^2}, \qquad (4а)$$

$$F_y(x,y) = -\frac{x}{R}e^{-\sigma(R-a)^2}. \qquad (4в)$$

Уравнение для данной <u>абсолютно замкнутой</u> стационарной системы имеет вид

$$\mu \cdot \Delta v + \rho F = 0, \qquad (5)$$

Для решения уравнения (5) воспользуемся методом, описанным в главе 5. Этот метод реализован в программе `testPostokPuas22 (mode=1)`, которая строит следующие графики:

1. функцию логарифма относительной ошибки

$$\varepsilon_1 = \iint\limits_{x,y} (\mu \cdot \Delta v + \rho F)^2 dxdy \bigg/ \iint\limits_{x,y} (\rho F)^2 dxdy \qquad (7)$$

– невязки уравнения (5) в зависимости от номера итерации – см. первое окно на фиг. 3;

2. функцию логарифма относительной ошибки

$$\varepsilon_2 = \iint\limits_{x,y} (\mathrm{div}(v))^2 dxdy \bigg/ \iint\limits_{x,y} \left(\left(\frac{dv_x}{dx}\right)^2 + \left(\frac{dv_y}{dy}\right)^2\right) dxdy \qquad (8)$$

- невязки в условии непрерывности в зависимости от номера итерации – см. второе окно на фиг. 3; заметим, что эта ошибка является методической – вызвана ограниченностью поверхности плоскости интегрирования и уменьшается с увеличением поверхности;

3. функцию скорости v_R (на последней итерации) в зависимости от радиуса – см. третье окно на фиг. 3; таким образом, на этом рисунке показано решение задачи;

4. функцию силы ρF и функцию лагранжиана $\mu \cdot \Delta v$ в зависимости от радиуса – см. четвертое окно на фиг. 3, где эти функции обозначены точечной и сплошной линиями соответственно.

Расчет выполнялся при $\sigma = 0.1$, $a = 5$, $\mu = 1$, $\rho = 1$, $n = 35$, где $n \times n$ - размер области интегрирования. Размер области выбран достаточно большим, чтобы скорость в отдалении от центра была близка к нулю и, таким образом, систему можно было считать абсолютно замкнутой. При этом

$$\varepsilon_1 = 0.01, \quad \varepsilon_2 = 0.007, \quad k = 286,$$

где k – количество итераций.

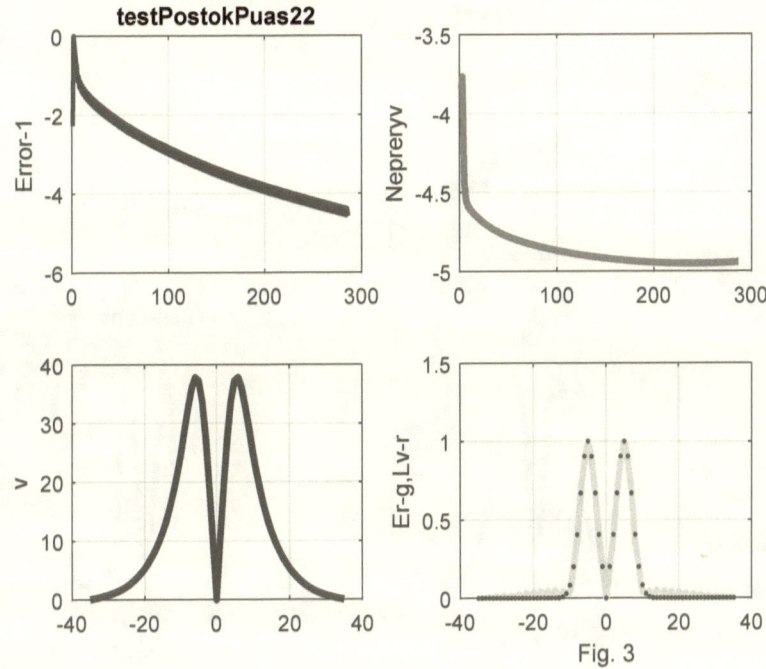

Fig. 3

7.4. Миксер со стенками.

В отличие от предыдущего случая (в декартовых координатах) рассмотрим теперь миксер с цилиндрическими стенками, расположенными на окружности радиуса R_s. Выше было показано, что стенки создают закрытую систему и не изменяют баланс мощности в системе. В сущности, расчет выполняется по (5.2), по программе `testMixerModif, mode=2`. Область интегрирования ограничивается кругом с радиусом R_s. Результаты расчета показаны на фиг. 4. При этом

$$\varepsilon_1 = 5 \cdot 10^{-11}, \quad \varepsilon_2 = 0.0026, \quad k = 7000, \quad R_s = 20.$$

Важно отметить, что на окружности с радиусом R_s скорость $v = 0$. Это отвечает известному факту: в силу вязкого трения скорость жидкости на поверхности омываемого ею тела всегда равна нулю. Важно еще отметить, что для получения этого результата не потребовалось дополнять основные уравнения дополнительными условиями – достаточно было ограничить область интегрирования.

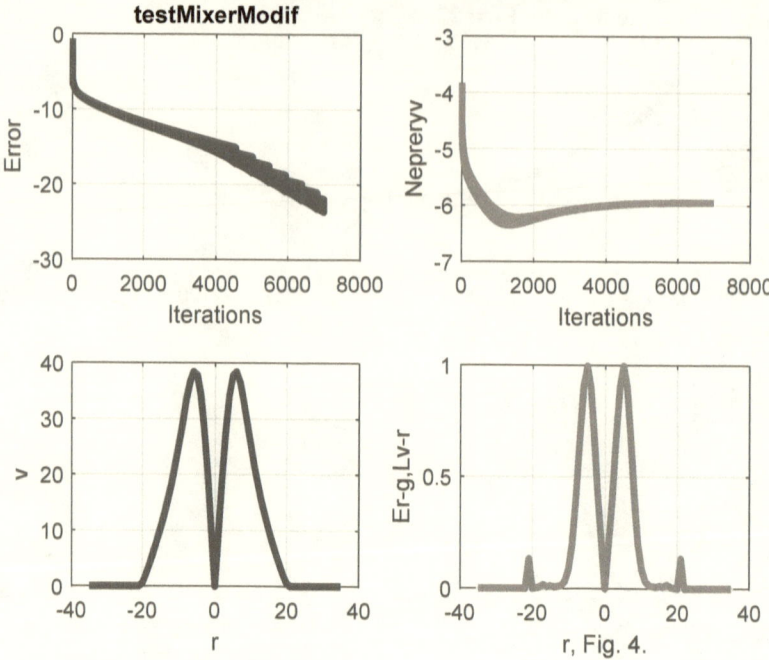

Fig. 4.

7.5. Кольцевой миксер

Рассмотрим теперь миксер с внутренними и внешними цилиндрическими стенками, расположенными соответственно на окружностях радиуса R_1 и R_2. На фиг. 4a показан результат расчета по (5.2), по программе `testKolzoModif, variant=2`, которая построила следующие графики:
1. функцию (2.7) – см. первое окно;
2. функцию (2.8) – см. второе окно;
3. функцию скорости v_R в зависимости от радиуса – см. третье окно;
4. функцию модуля скорости v в зависимости от декартовых координат - см. четвертое окно;

Расчет выполнялся при $\sigma = 0.1$, $a = 25$, $\mu = 1$, $\rho = 1$, $r = 33$ и $R_1 = 25$, $R_2 = 70$. При этом получилось

$$\varepsilon_1 = 4 \cdot 10^{-4}, \quad \varepsilon_2 = 0.0028, \quad k = 500.$$

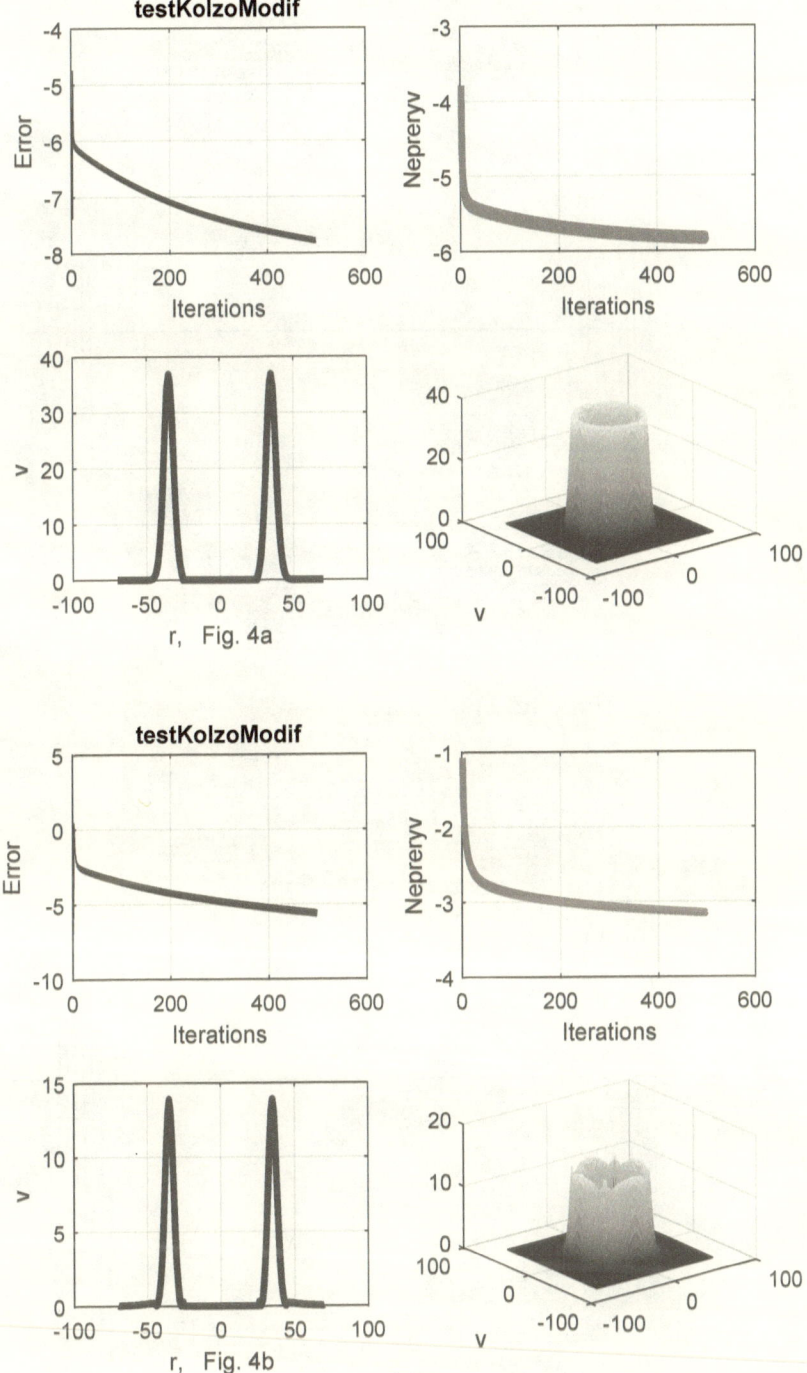

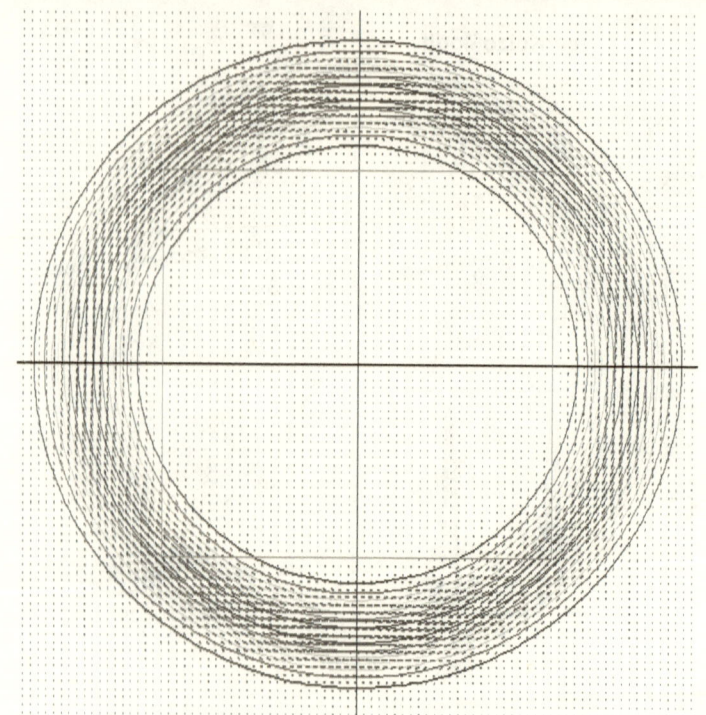

Фиг. 4c (figure 3 in `testKolzoModif`)

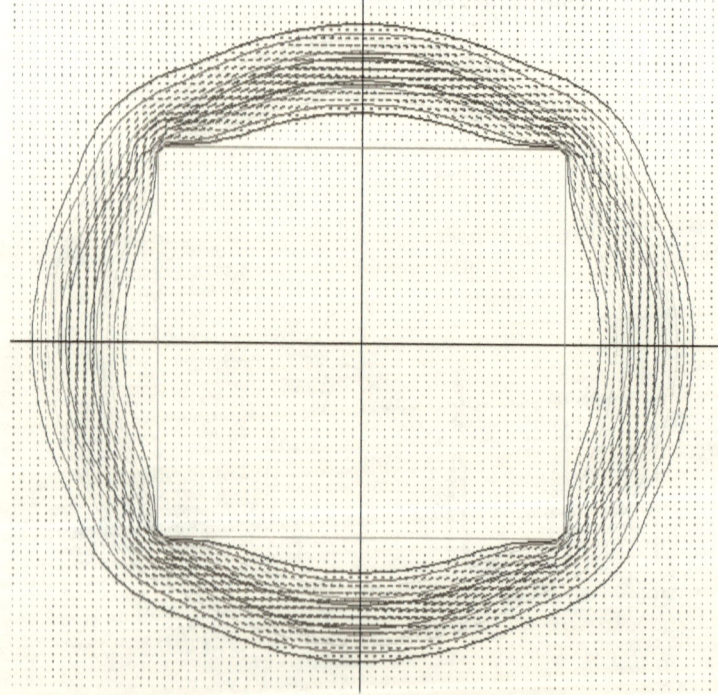

Фиг. 4d (figure 4 in `testKolzoModif`)

Аналогично этому рассмотрим миксер, у которого внутренняя полость имеет вид квадрата с полустороной R_1. На фиг. 4в показан результат расчета по (5.2), по программе `testKolzoModif, variant=1`. При этом получилось

$$\varepsilon_1 = 0.0045, \quad \varepsilon_2 = 0.0432, \quad k = 500.$$

На фиг. 4c и 4d показано распределение градиента скорости при круглой и квадратной полости соответственно.

7.6. Миксер с дном и крышкой

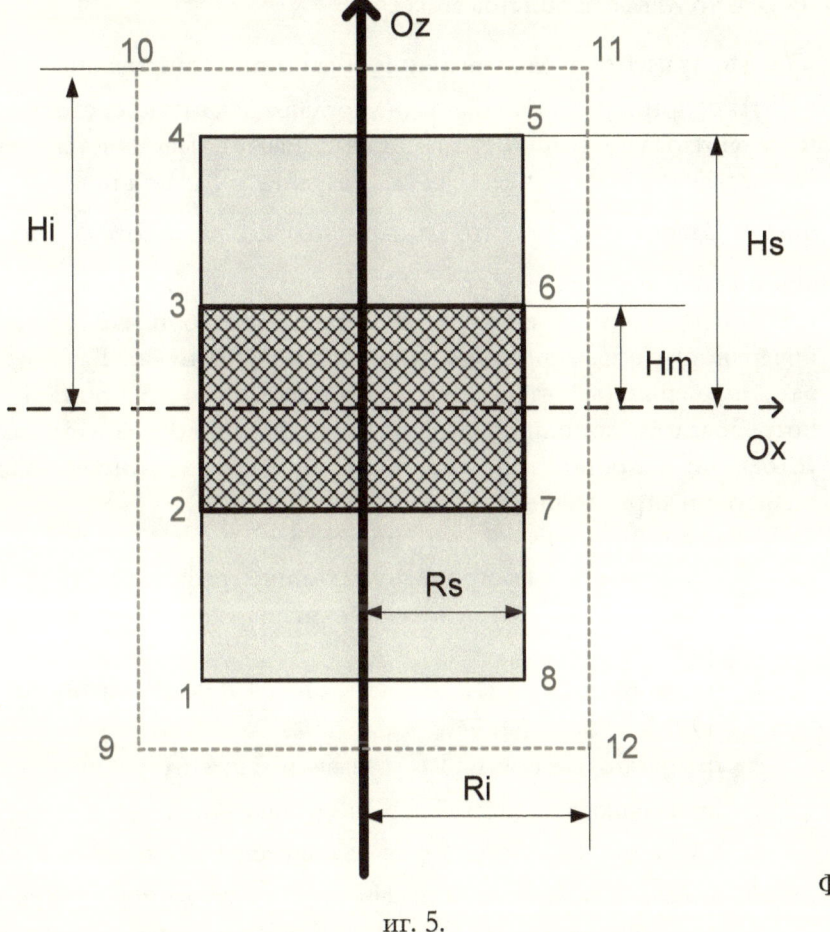

иг. 5.

Рассмотрим теперь миксер с дном и крышкой – см. фиг. 5, где
(9,10,11,12) – неограниченная область интегрирования,
(2,3,6,7) –область лопаток миксера,
(1,8) – дно миксера,

(4,5) – крышка миксера,

(1,4; 5,8) – цилиндрическая стенка миксера,

ox - ось, проходящая по диаметру через центр миксера,

oz - ось, проходящая по оси вращения лопаток миксера,

R_s - радиус стакана миксера,

R_i - радиус первоначальной области интегрирования,

H_s - полувысота стакана миксера, ограниченная дном и крышкой,

H_m - полувысота лопаток миксера,

H_i - полувысота первоначальной области интегрирования.

Дно, крышка и стенки стакана создают закрытую систему и не изменяют баланс мощности в системе. Расчет выполняется точно так же, как и в предыдущем случае. Результаты расчета показаны на фиг. 6. Важно отметить, что на окружности с радиусом R_s, вдоль дна и вдоль крышки скорость $v = 0$ - см. ниже. Это отвечает уже указанному факту: в силу вязкого трения скорость жидкости на поверхности омываемого ею тела всегда равна нулю. Важно еще раз подчеркнуть, что для получения этого результата не потребовалось дополнять основные уравнения дополнительными условиями – достаточно было в процессе расчета ограничивать область интегрирования.

Расчет выполнялся по программе `testMixerModif3 (mode=1)`, которая построила следующие графики:

1. функцию (2.7) – см. первое окно на первой вертикали на фиг. 6;
2. функцию (2.8) – см. второе окно на первой вертикали на фиг. 6;
3. функцию скорости v_R в зависимости от радиуса – см. первое окно на второй вертикали на фиг. 6;
4. функцию скорости v_R в зависимости от расстояния по высоте до центра миксера при постоянном значении радиуса, равном a – см. третье окно на первой вертикали на фиг. 6; прямоугольником в этом окне обозначена область действия силы;
5. функцию силы ρF и функцию лагранжиана $\mu \cdot \Delta v$ в зависимости от радиуса – см. четвертое окно на фиг. 6, где

эти функции обозначены точечной и сплошной линиями соответственно.

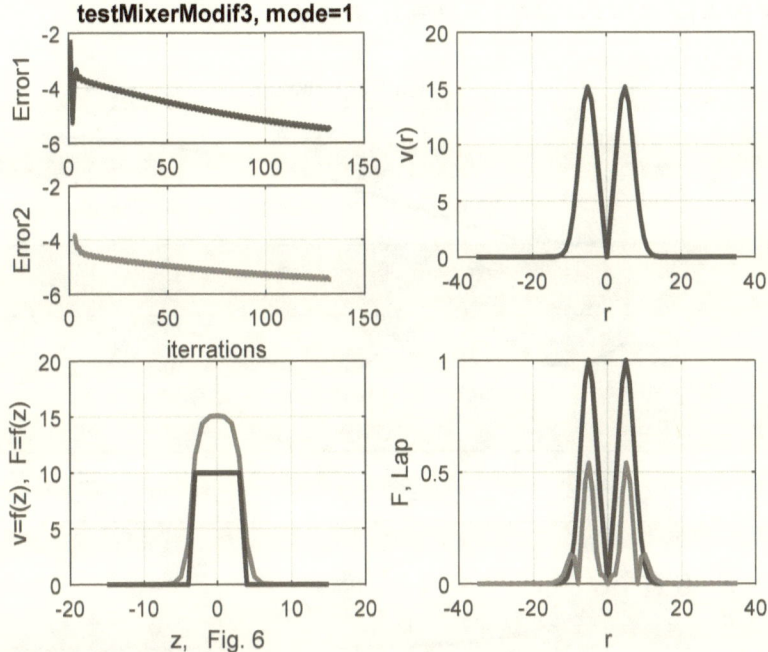

Расчет выполнялся при

$$\sigma = 0.1, \quad a = 5, \quad \mu = 1, \quad R_i = 35,$$

$$R_s = 15, \quad H_i = 15, \quad H_m = 3, \quad H_s = 7, \quad r = 33.$$

При этом получилось $\varepsilon_1 = 0.004$, $\varepsilon_2 = 0.004$, $k = 133$.

7.7. Разгон миксера

В разделе 2 рассмотрено установившееся движение жидкости в миксере. Теперь рассмотрим разгон миксера, предполагая (как в примере 1 раздела 6.1), что массовые силы в некоторый момент мгновенно принимают определенное значение – происходит скачок массовых сил. Тогда в первый момент скорость $v(1) = 0$ и в первой итерации принимаем $v(1) = 0$, а затем рассчитываем переходный процесс по алгоритму 1 раздела 6.1. Этот алгоритм реализован в программе `testRagonMixer2`, которая строит следующие графики (см. фиг. 7):

1. функцию скорости на радиусе, равном 5.

2. функцию относительной невязки в уравнении (6.4);
3. функцию относительной дивергенции от нуля.

Расчет выполнялся при условиях, принятых в разделе 2, т.е. $\sigma = 0.1$, $a = 5$, $\mu = 1$, $\rho = 1$, $n = 35$.

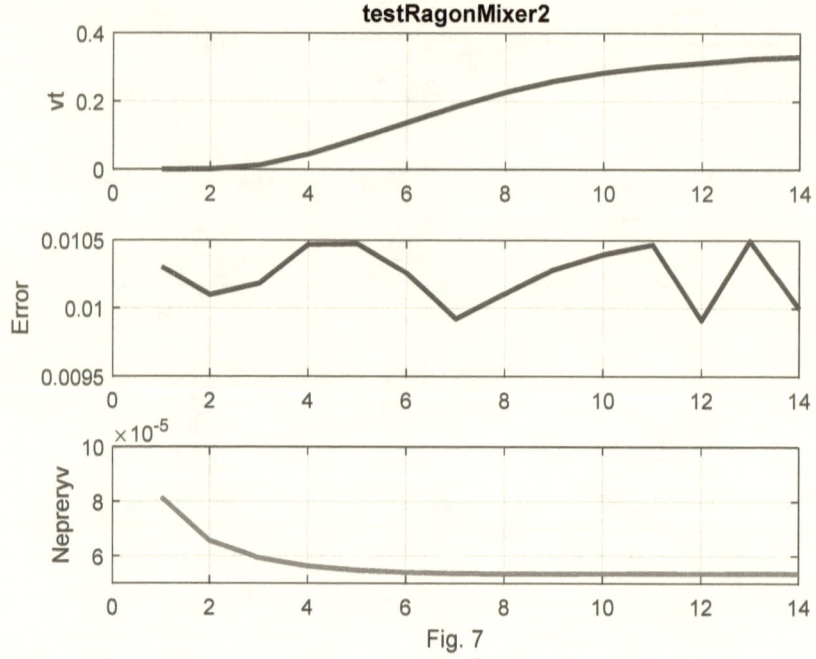

Fig. 7

Глава 8. Пример: течение в трубе

8.1. Кольцевая труба

Вначале рассмотрим пример. Пусть имеется кольцевая труба с прямоугольным сечением – см. фиг. 1, где O - центр конструкции, S - центр прямоугольного сечения трубы, R - расстояние от оси OZ кольца до некоторой точки сечения трубы, измеренное по оси OX, а также обозначены характерные размеры конструкции и направление осей декартовых координат.

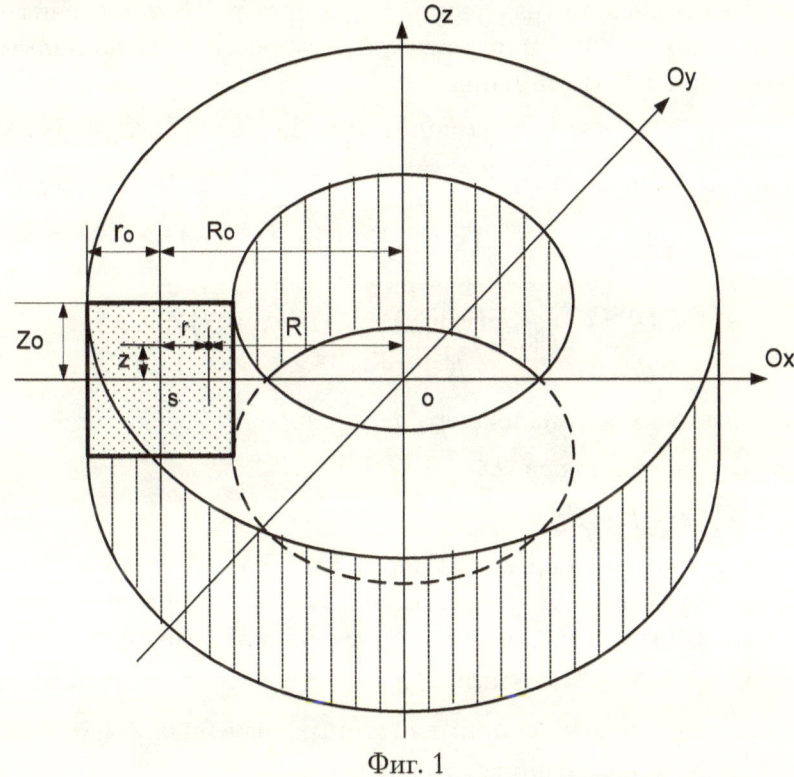

Фиг. 1

Такая кольцевая труба является замкнутой системой. Пусть в трубе действуют массовые силы, направленные перпендикулярно плоскости радиального сечения трубы. Такая сила не зависит от координаты z и определяется формулами

$$F_x(x,y,z) = F_O \frac{y}{R}, \qquad (1)$$

$$F_y(x,y,z) = -F_o \frac{x}{R}. \qquad (2)$$

$$F_z(x,y,z) = 0. \qquad (3)$$

Область определения массовых сил – внутренность трубы. При этом

$$F_R(R,z) = \sqrt{(F_x(x,y,z))^2 + (F_y(x,y,z))^2} \qquad (5)$$

или

$$F_R(R,z) = 1. \qquad (6)$$

Расчет выполнялся по программе `testMixerModif3` (mode=2) и в соответствии с главой 5 в два этапа: скорости рассчитывались по уравнению (5.2), а производные давления – по уравнению (5.3) при данной скорости. Использовались следующие исходные данные:

$$F_o = 2, \quad \rho = 1.7, \quad \mu = 0.7, \quad r_o = 5, \quad z_o = 15, \quad R_o = 17.$$

При этом вычислялись

$$v_R(R,z) = \sqrt{(v_x(x,y,z))^2 + (v_y(x,y,z))^2}, \qquad (7)$$

$$\frac{dp(R,z)}{dr} = \sqrt{\left(\frac{dp(x,y,z)}{dx}\right)^2 + \left(\frac{dp(x,y,z)}{dy}\right)^2}. \qquad (8)$$

Обозначим для дальнейшего расстояние от точки сечения до центра сечения по оси ox

$$r = R - R_o. \qquad (9)$$

Результаты расчета представлены на фиг. 2, где показаны
1. функцию (7.2.7) – см. первое окно на первой вертикали;
2. функцию (7.2.8) – см. второе окно на первой вертикали;
3. функцию скорости v_R в зависимости от радиуса или координаты x при постоянных значениях $z = 0, y = 0$ – см. первое окно на второй вертикали;
4. функцию скорости v_R в зависимости от расстояния по высоте до центра сечения трубы при постоянном значении радиуса, равном R_o – см. второе окно на первой вертикали;
5. функцию производной давления dp/dR в зависимости от радиуса – см. второе окно на второй вертикали.

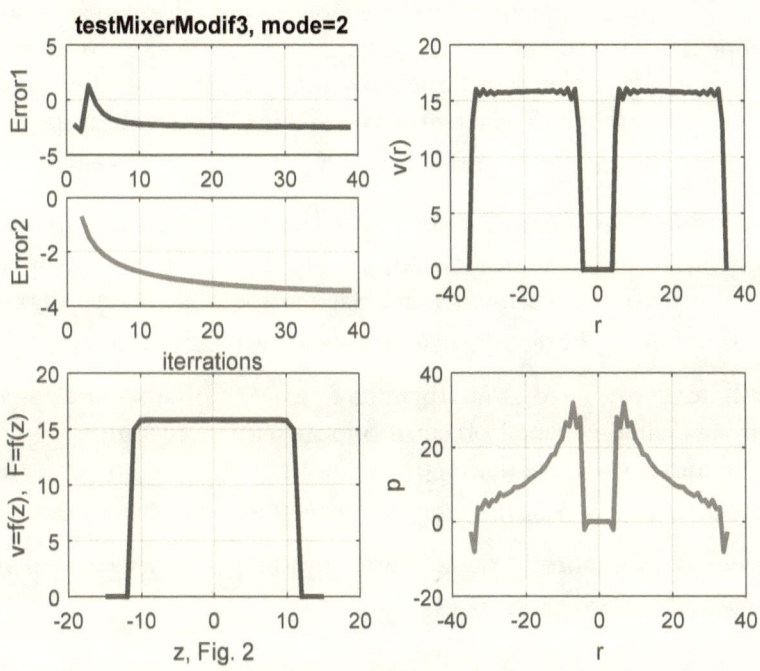

z, Fig. 2

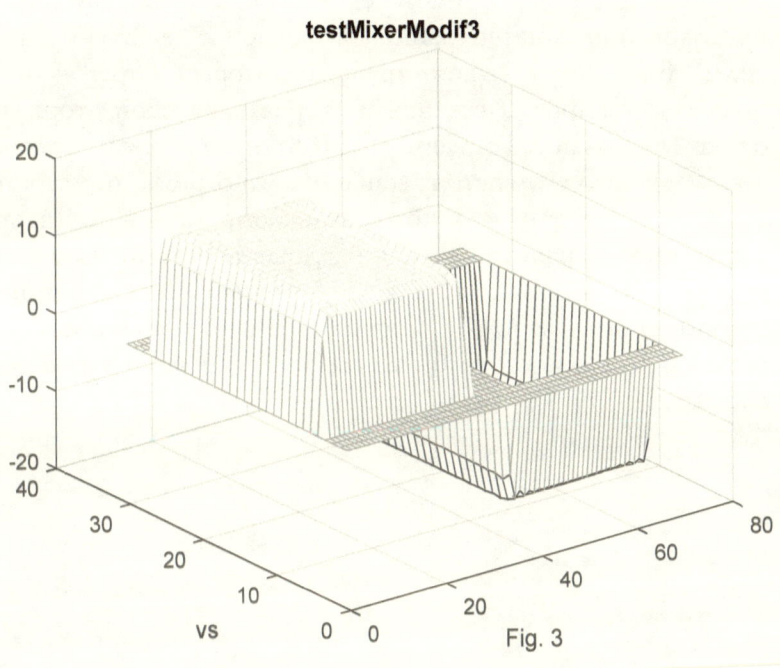

Fig. 3

Указанный расчет (см. первое окно) показывает, что эта скорость удовлетворяет уравнению (5.2). Важно отметить, что решение, полученное предложенным методом без указания начальных условий, зная только область существования течения. Распределение скоростей $v_y(R,z)$ вдоль участка трубы, ограниченного плоскостью $y=0$, показано на фиг. 3. В результате вычислений появились нулевые значения скорости на стенах труб. Та же функция в зависимости от координат одной секции трубы, будет обозначаться как $v_y(r,z)$ или $v_\Pi(r,z)$. Из (5.2) следует, что эта функция имеет постоянное значение лагранжиана на своей области определения - секции трубы. Такие функции будем называть <u>функциями постоянного лагранжиана</u>. Поскольку для каждой формы сечения эти функции $v_y(r,z)$ имеют различный вид, мы будем обозначать функцию прямоугольного сечения как $v_\Pi(r,z)$.

8.2. Длинная труба

Здесь мы рассмотрим течение в бесконечно длинной трубе произвольной конфигурации, в которой действуют массовые силы. Выделим в такой трубе некоторый отрезок и будем полагать, что форма сечения и скорости на обоих торцах этого отрезка совпадают. Тогда вместо этого отрезка можно рассмотреть эквивалентную ему систему в виде такого отрезка, торцы которого соприкасаются так, что поток жидкости из левого (например) торца втекает непосредственно в правый торец. Такая система является замкнутой и для ее расчета можно применить предложенный метод. Очевидно, течение в любом отрезке бесконечно длинной трубы совпадает с течением в построенной системе.

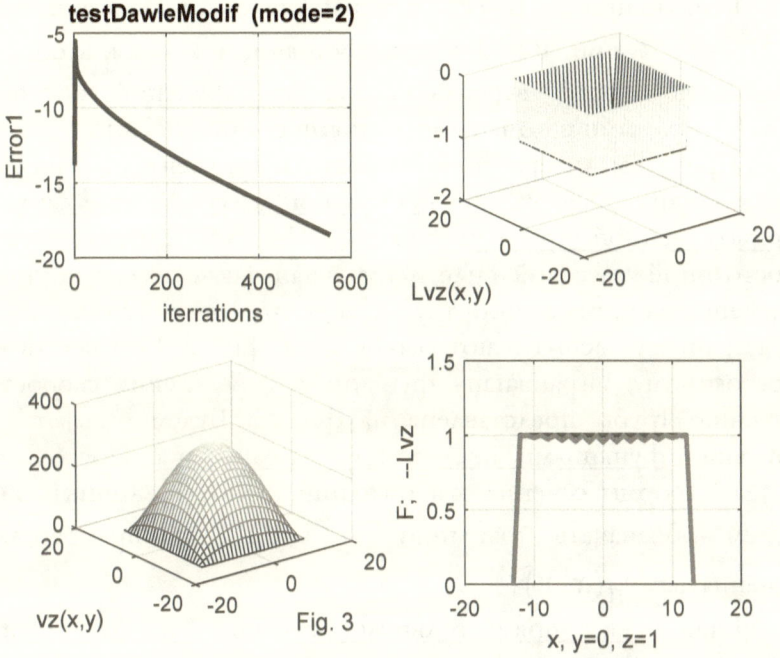

Fig. 3

Рассмотрим для примера "закольцованный" таким образом отрезок трубы длиной z_o, где действуют постоянные массовые силы F_o, направленные вдоль оси трубы oz. Пусть еще сечение трубы определено в координатах (x,y) и является квадратом с полустороной n, а также известны

$$F_o = 1, \quad \rho = 1, \quad \mu = 1, \quad n = 13, \quad z_o = 27.$$

Данная система является абсолютно замкнутой, т.к. жидкость не взаимодействует со стенками. При этом расчет выполняется по (5.5). Результаты расчета по программе `testDawleModif (mode=2)` представлены на фиг. 3, где показаны

1. функция (2.7) – см. первое окно на первой вертикали,
2. функция скорости $v_z(x,y)$ при постоянном z – см. второе окно на первой вертикали,
3. функция лагранжиана $\mu \cdot \Delta v$ в зависимости от координат (x,y) сечения при постоянном z – см. первое окно на второй вертикали,

4. функции силы ρF и лагранжиана $\mu \cdot \Delta v$ в зависимости от x при $y = 0$ и при постоянном z – см. второе окно на второй вертикали, где эти функции обозначены прямыми и ломаными линиями соответственно.

При этом дивергенция скорости и градиент давления равен нулю. Таким образом, <u>при постоянной массовой силе давление в прямолинейной трубе постоянно</u>. Из (5.5) следует, что при постоянной массовой силе лагранжиан также имеет постоянное значение на всем сечении трубы, за исключением границ, где сила и лагранжиан испытывают скачок – см. фиг. 3. Соответствующая постоянному лагранжиану функция распределения скорости по сечению трубы представлена на фиг. 3. Будем называть такие функции <u>функциями постоянного лагранжиана</u>. Поскольку для каждой формы сечения эти функции имеют различный вид, то будем обозначать функцию $v_z(x, y)$ для прямоугольного сечения как $v_\text{п}(x, y)$.

Итак, <u>на прямоугольном сечении трубы скорости распределяются по функции $v_\text{п}(x, y)$ постоянного лагранжиана</u>.

В приложении 5 показано, что эллиптический параболоид также является функцией постоянного лагранжиана. Следовательно, аналогичным образом можно показать, что на эллиптическом сечении кольцевой трубы скорости распределяются по функции $v_\text{э}(x, y)$ эллиптического параболоида. В частности, на круговом сечении кольцевой трубы скорости распределяются по функции параболоида вращения.

Рассмотрим теперь другой режим течения в трубе, который будем называть <u>сопряженным</u> (рассмотренному выше). В этом режиме отсутствуют массовые силы, но присутствует некоторое дополнительное давление p_f. Если

$$\nabla p_f = -\rho \cdot F, \qquad (12)$$

то уравнение (5.5) можно заменить на уравнение вида

$$\nabla p_f - \mu \cdot \Delta v = 0. \qquad (13)$$

Из (12) еще следует, что градиент имеет постоянное значение в направлении, перпендикулярном сечению трубы, т.е.

$$\nabla p_f = \frac{dp}{dy} \qquad (14)$$

и

$$\frac{dp}{dy} = \mu \cdot \Delta v \qquad (15)$$

или

$$\frac{dp}{dy} = -\rho \cdot F_o \qquad (16)$$

Таким образом, в трубе скорость вдоль трубы распределена по сечению трубы по функции $v_п(x,y)$ постоянного лагранжиана, если давление не изменяется по сечению трубы и изменяется равномерно вдоль трубы. При этом разность давлений между двумя сечениями трубы, расположенными на расстоянии L, равна

$$p_1 - p_2 = L \frac{dp}{dy} \qquad (17)$$

и, с учетом (15),

$$\frac{p_1 - p_2}{L} = \mu \cdot \Delta v. \qquad (18)$$

Очевидно, такой же вывод можно сделать относительно каждого участка трубы. Следовательно,

> скорость в отрезке трубы с прямоугольным сечением постоянна вдоль трубы и изменяется по сечению трубы по функции $v_п(r,z)$, если на торцах отрезка существует постоянная разность давлений.

Если известна аналитическая зависимость

$$v_п(x,y) = \Delta v_п \cdot f(x,y), \qquad (19)$$

то, как следует из (18),

$$v_п(x,y) = \frac{p_1 - p_2}{L \cdot \mu} \cdot f(x,y). \qquad (20)$$

Аналогичным образом могут быть получена функция $v_э(x,y)$ распределения скоростей в трубе с эллиптическим сечением и, в частности, - с круговым сечением. В этом случае существует аналитическая зависимость вида (19), а именно зависимость (с16) -см. приложение 5. В частности, для кругового сечения она имеет вид (с22) и тогда формула (20) принимает вид:

$$v_k(r,z) = \frac{p_1 - p_2}{4L \cdot \mu} \cdot \left(r_o^2 - \left(r^2 + z^2\right)\right), \qquad (21)$$

где r_o - радиус кругового сечения трубы. Последняя формула совпадает с известной формулой Пуазейля [2]. Это может служить дополнительным подтверждением применимости предлагаемого метода.

Точно также можно рассчитать течение в трубе произвольного сечения и\или в трубе, изогнутой произвольным образом (т.е. в том случае, когда форма сечения и скорости на обоих торцах этого отрезка совпадают). Итак, бесконечная система может быть формально преобразована в замкнутую.

8.3. Переменные массовые силы в трубе

Здесь мы предположим, что в длинной трубе действуют массовые силы, изменяющиеся синусоидально во времени. Тогда для расчета скоростей можно применить уравнения (6.8) и метод их решения, указанный в приложении 6. На фиг. 3а и в табл. 1 показаны результаты расчета по программе testDawleModifTime (mode=2) при

$$F_o = 100, \quad \rho = 1, \quad n = 13, \quad z_o = 27$$

и нескольких значениях величин μ, ω. На фиг. 3а представлены функции распределения скоростей по сечению трубы при $z = 0$, а в таблице – значения амплитуд скорости и косинуса сдвига фаз синусоиды скорости от синусоиды массовых сил в точке $x = 10$, $y = 10$.

Можно заметить, что при большой частоте функция распределения скорости v_z по сечению трубы стремиться к константе на всех точках сечения, за исключением контура сечения, где она всегда равна нулю. Однако при этом амплитуда скорости существенно уменьшается.

Таблица 1.

Вариант	μ	ω	Амплитуда	Косинус
1	1	0	62.12	1
2	1	100	0.01	≈ 0
3	100	1	0.58	0.92
4	1	10	0.10	≈ 0

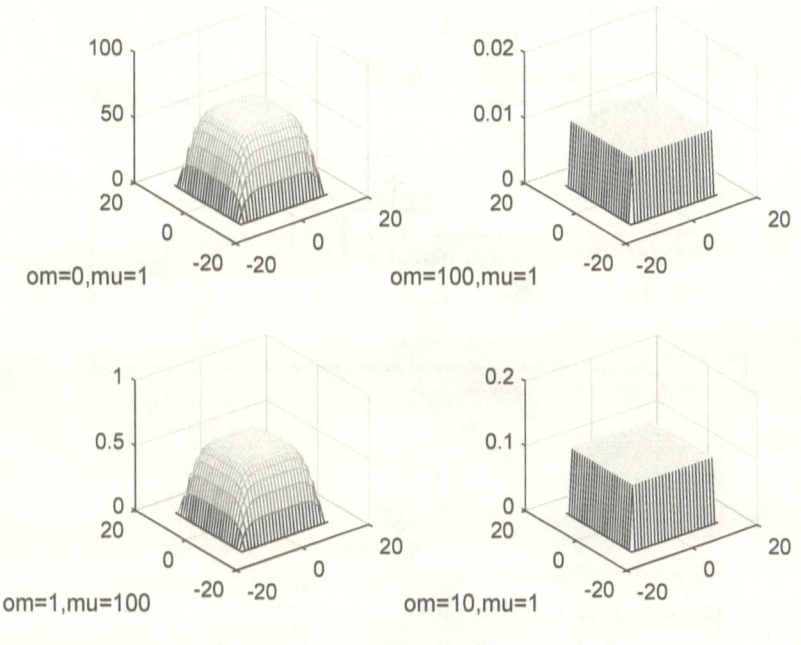

Фиг. 3а.

8.4. Длинная труба с заслонкой

Здесь мы рассмотрим течение в бесконечно длинной трубе квадратного сечения со стороной n, в которой находится абсолютно твердый куб с полустороной R_o. Как и в предыдущем случае рассмотрим "закольцованный" отрезок трубы длиной z_o, где действуют постоянные массовые силы F_o, направленные вдоль оси трубы OZ – см. фиг. 4. Пусть еще сечение трубы определено в координатах (x, y) и является квадратом с полустороной n, а также известны

$F_o = 100$, $\rho = 1$, $\mu = 1$, $\mu = 1$, $r = 39$, $n = 27$, $z_o = 57$, $R_o = 4$.

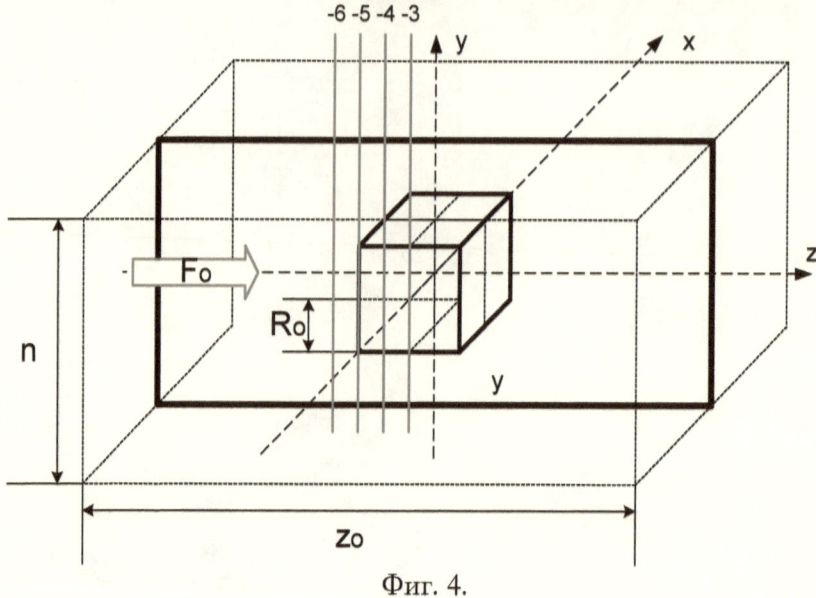

Фиг. 4.

Данная система является замкнутой и в ней жидкость взаимодействует со стенками куба. При этом расчет выполняется по (5.2). Результаты расчета по программе testDawleModif (mode=5) представлены на фиг. 5, 6, 7. При этом получилось

$$\varepsilon_1 = 0.0035, \quad \varepsilon_2 = 0.06, \quad k = 922.$$

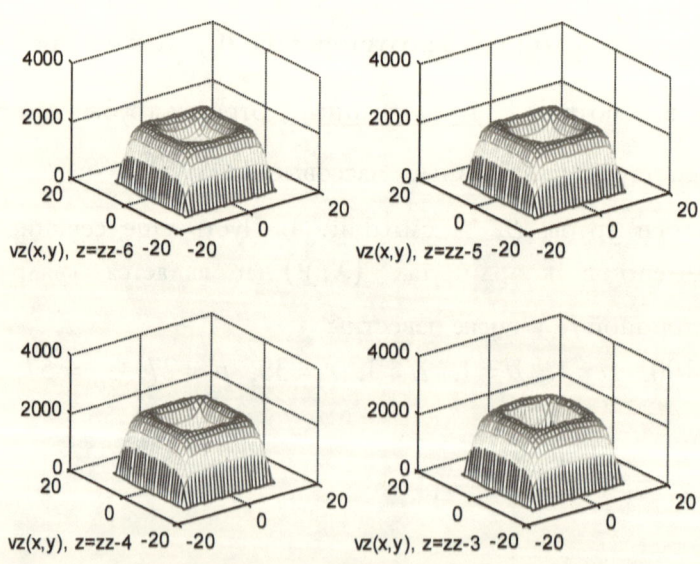

Фиг. 5 (Figure 5 in testDawleModif)

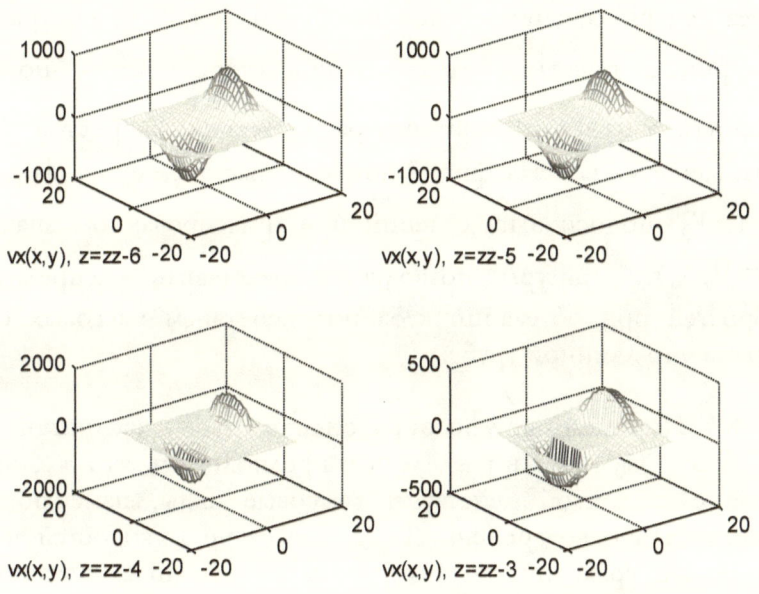

Фиг. 6 (Figure 6 in testDawleModif)

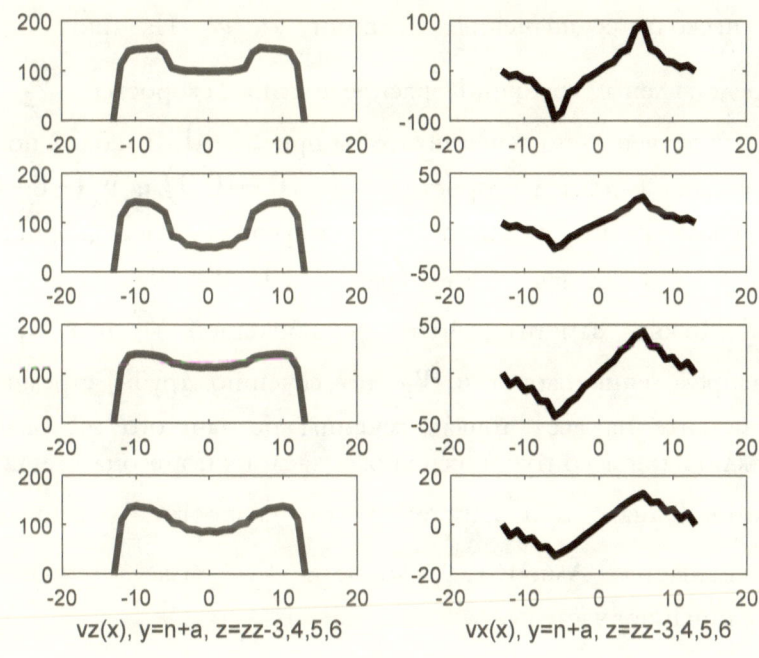

Фиг. 7 (Figure 7 in testDawleModif)

На фиг. 4 проведены вертикали (-6,-5,-4,-3), которые проходят через центры сечений, отстоящих на (-6,-5,-4,-3) от центра куба. На фиг. 5 показаны распределения скоростей v_z по этим сечениям, а на фиг. 6 показаны распределения скоростей v_x по этим же сечениям. На фиг. 7 показаны распределения скоростей v_z и v_x по оси этих сечений при фиксированном значении $y = 0$. Эти фигуры позволяют представить распределение скоростей при обтекании куба под действием массовых сил в бесконечно длинной трубе.

8.5. Переменные массовые силы в трубе с заслонкой

Здесь мы, как и в разделе 8.3, предположим, что в длинной трубе с заслонкой действуют массовые силы, изменяющиеся синусоидально во времени. Тогда для расчета скоростей можно применить уравнения (6.8) и метод их решения, указанный в приложении 6. На фиг. 7а, 7в и в табл. 2 показаны результаты расчета по программе testDawleModifTime (mode=5) при

$$F_o = 100, \quad \rho = 1, \quad n = 13, \quad z_o = 23$$

и нескольких значениях величин μ, ω. На фиг. 7а и 7в представлены функции распределения скоростей v_z и v_x соответственно по сечению трубы при $z = 0$. В табл. 2 показаны значения амплитуд скоростей $v_z(-10,-10,0)$ и $v_x(-8,-8,-6)$, а также косинуса сдвига фаз синусоиды этих скоростей от синусоиды массовых сил в точке $x = 10$, $y = 10$.

Можно заметить, что при большой частоте функция распределения скорости v_z по сечению трубы стремиться к константе на всех точках сечения, не занятого заслонкой, за исключением контуров сечения и заслонки, где она всегда равна нулю. Однако при этом амплитуда скорости v_z существенно уменьшается. Амплитуда скорости v_x также уменьшается с увеличением частоты.

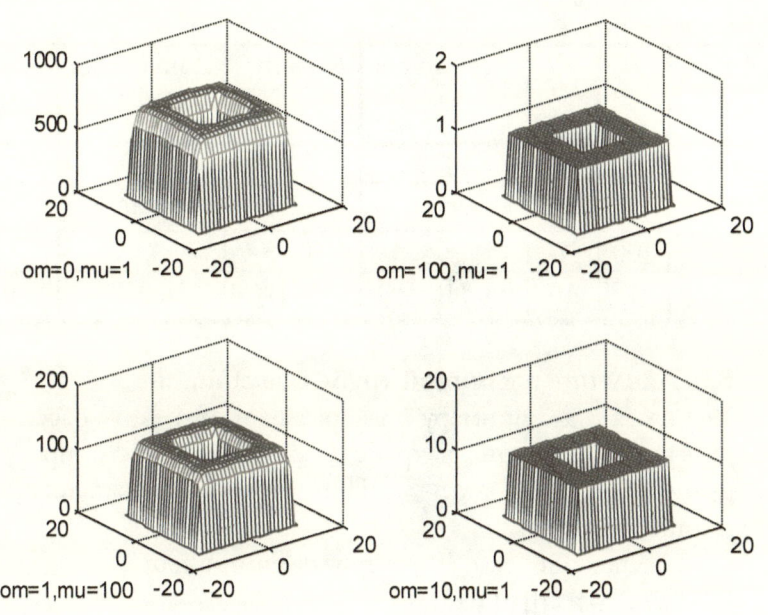

Фиг. 7а (figure 72 in testDawleModifTime)

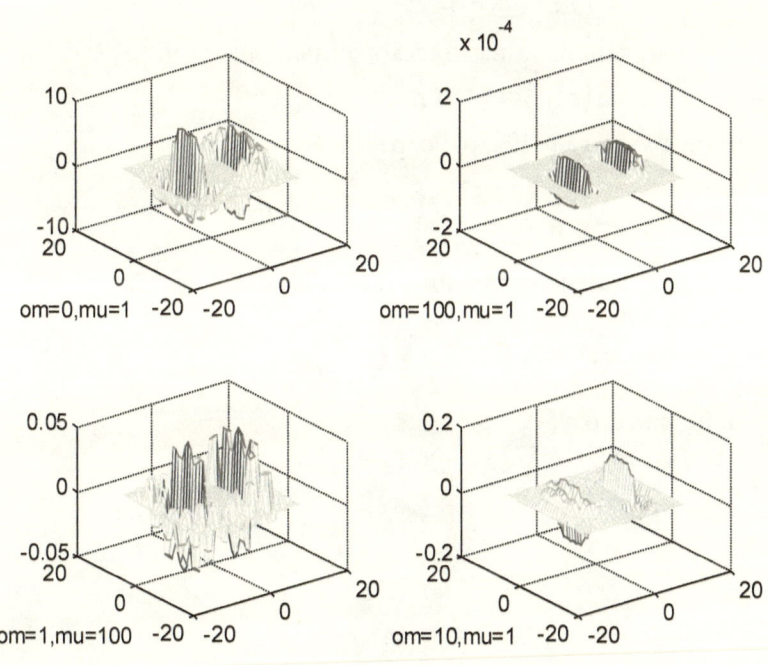

Фиг. 7в (figure 71 in testDawleModifTime)

Таблица 2.

Вариант	μ	ω	Амплитуда v_z	Косинус v_z	Амплитуда v_x	Косинус v_x
1	1	0	1319	1	100	-1
2	1	100	1	≈ 0	0.00001	0.42
3	100	1	104	-0.03	3.15	0.78
4	1	10	10	≈ 0	0.057	0.56

8.6. Давление в длинной трубе с заслонкой

Вернемся к примеру в разделе 8.4 и рассмотрим распределение давлений в трубе с заслонкой – см. программу `testDawleModif` (mode=8). При этом будем анализировать следующие величины:

- квазидавление – см. (18) в приложении 6 или

$$D = -r \cdot \mathrm{div}(v); \qquad (1)$$

- градиент квазидавления, как производные от (1) или по (2.77), т.е.

$$\nabla D = \mu \Delta v + \rho F. \qquad (2)$$

- градиент динамического давления – см. (р19д) или

$$\Delta(P_d) = \rho \cdot G \qquad (3)$$

или, с учетом (р19а, р19с, р19д),

$$\Delta(P_d) = \frac{\rho}{2} \nabla(W^2) = \rho \cdot G; \qquad (4)$$

- градиент давления – см. (2.78) или

$$\nabla p = \nabla D - \frac{\rho}{2} \nabla(W^2), \qquad (5)$$

или, с учетом (4),

$$\nabla p = \nabla D - \rho \cdot G. \qquad (6)$$

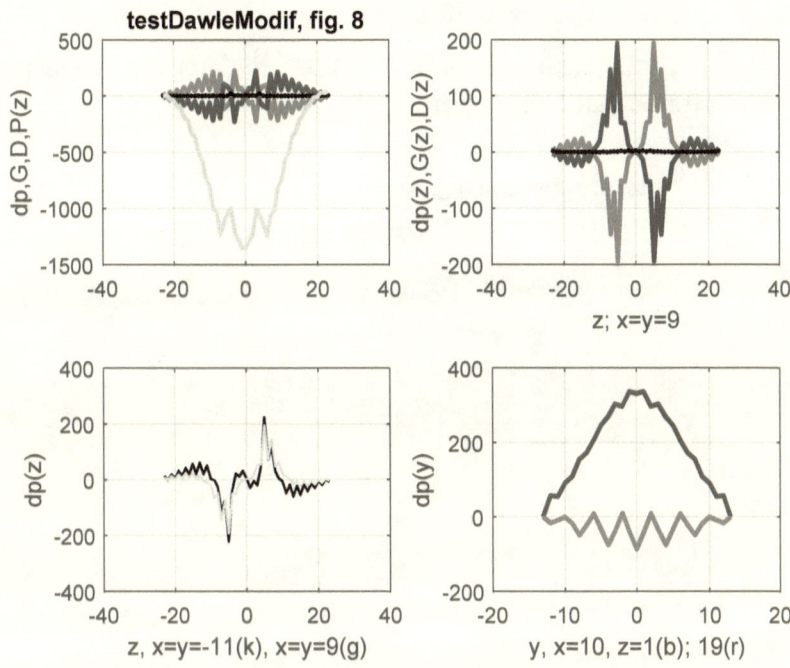

testDawleModif, fig. 8

Кроме того, будем вычислять средние по сечению трубы величины $p_{z\text{mid}} = \left[\dfrac{dp_z}{dz}(x,y)\right]_{\text{mid}}$, $G_{z\text{mid}} = \left[\dfrac{dG_z}{dz}(x,y)\right]_{\text{mid}}$, $D_{z\text{mid}} = \left[\dfrac{dD_z}{dz}(x,y)\right]_{\text{mid}}$ при определенном значении z, а также среднее давление $P_z = \int\limits_{z\min}^{z} p_{z\text{mid}} dz$.

На фиг. 9 показаны результаты расчета по программе `testDawleModif` (mode=8):

1. функции $p_{z\text{mid}}$, $G_{z\text{mid}}$, $D_{z\text{mid}}$, P_z от z – см. первое окно на первой вертикали;
2. функции p_z, G_z, D_z от z при фиксированных значениях $x=y=9$ – см. первое окно на второй вертикали;
3. функции p_z от z при фиксированных значениях $x=y=9$ (верхняя кривая) и $x=y=-11$ (нижняя кривая) – см. второе окно на первой вертикали;

4. функции p_z от y при фиксированных значениях $x = 10$ и $z = 1$ (верхняя кривая) и $z = 19$ (нижняя кривая) – см. второе окно на второй вертикали.

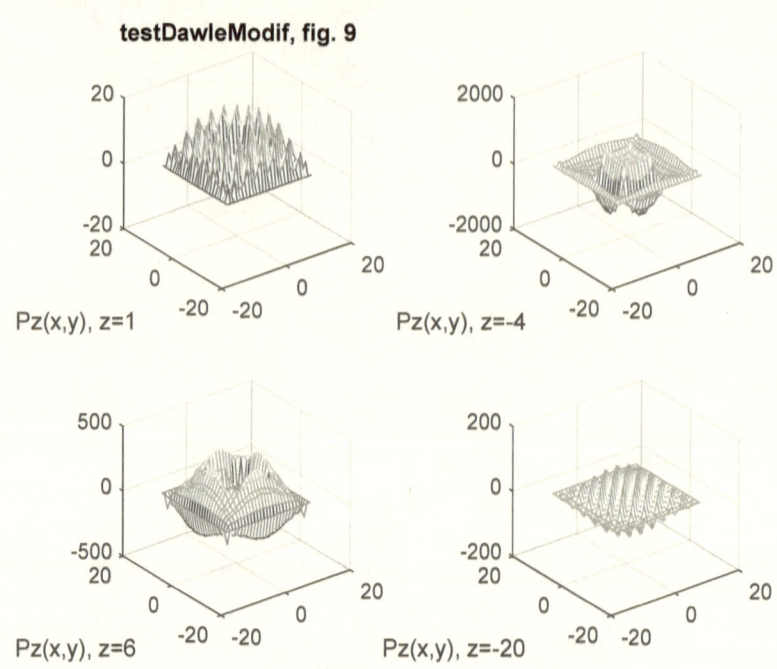

На фиг. 9 показаны функции распределения $\dfrac{dp}{dz}(x, y)$ при определенном значении $z = \begin{bmatrix} 1 & -4 \\ 6 & -20 \end{bmatrix}$.

Можно заметить следующее.
1) Квазидавление равно нулю (закрытая система!).
2) Средний градиент давления по каждому сечению равен нулю.
3) Разность давлений, <u>как интеграла градиента давлений</u>, на крайних торцах отрезка трубы равна нулю, т.е.

$$\int_{z\min}^{z\max} p\,dz = 0. \qquad (7)$$

4) Распределение градиента давления по сечению трубы и вдоль трубы неравномерно.
5) Предложенный метод позволяет рассчитать распределение давления в трубе с заслонкой при данных массовых силах.

Надо отметить, что точность расчетов увеличивается с увеличением длины рассчитываемого отрезка, поскольку с увеличением расстояния торцов отрезка от заслонки зависимость распределения скоростей на торцах уменьшается, а сами распределения на торцах становятся одинаковыми – именно такое допущение делается при закольцовывании бесконечной трубы.

Рассмотрим теперь случай, когда массовые силы отсутствуют, но имеется разность давлений на торцах отрезка трубы. В рассмотренной выше задаче решалась система уравнений вида (5.1). Последнее из них перепишем в виде

$$\nabla p - \mu \Delta v + \rho G - \rho F = 0. \qquad (8)$$

Произведем в нем замену

$$\rho F \Rightarrow \nabla p', \qquad (9)$$

а величину p' назовем <u>силовым давлением</u>. Тогда уравнение (8) примет вид

$$\nabla(p'') - \mu \Delta v + \rho G = 0. \qquad (10)$$

Здесь

$$p'' = p - p'. \qquad (11)$$

Имеем:

$$\int_{z\min}^{z\max} p' dz = L \cdot F, \qquad (12)$$

где L - длина трубы. Отсюда и из (7) следует, что решение уравнения (10) удовлетворяет ограничению

$$\int_{z\min}^{z\max} p'' dz = \delta P, \qquad (13)$$

где

$$\delta P = L \cdot F \qquad (14)$$

- известная разность давлений на торцах трубы. Следовательно, решение уравнения (8) является также решением уравнения (10) при ограничении (13). Но выше показано, что решение модифицированных уравнений (1, 77) является единственным. Следовательно, <u>решение уравнения (8)</u> **всегда** <u>является решением уравнения (10) при ограничении (13)</u>.

Таким образом, решение уравнения (10) при ограничении (13), т.е. вычисление скоростей в трубе с заслонкой и заданной разностью давлений на торцах трубы, может быть заменено решением уравнения (8), где

$$F = \delta P / L. \qquad (15)$$

Для сокращения текста здесь мы упускали упоминание о том, что уравнения (8) и (10) должны решаться совместно с уравнением (2.1).

Глава 9. Сжимаемая жидкость

В этом разделе предложенный принцип применяется к уравнениям Навье_Стокса для сжимаемой жидкости.

Рассматриваются уравнения Навье-Стокса для вязкой сжимаемой жидкости. Показывается, что эти уравнения являются условиями экстремума некоторого функционала. Описывается метод поиска решения этих уравнений, который состоит в движении по градиенту к экстремуму этого функционала. Формулируются условия достижения этого экстремума, которые являются одновременно необходимыми и достаточными условиями существования глобального экстремума этого функционала.

9.1. Уравнения гидродинамики

Напомним уравнения гидродинамики для вязкой несжимаемой жидкости (2.1.1, 2.1.2):

$$\mathrm{div}(v) = 0, \qquad (1)$$

$$\rho \frac{\partial v}{\partial t} + \nabla p - \mu \cdot \Delta v + \rho \cdot G(v) - \rho \cdot F = 0, \qquad (2)$$

где

$$G(v) = (v \cdot \nabla)v \qquad (3)$$

В отличие от них уравнения гидродинамики для вязкой сжимаемой жидкости имеют следующий вид [2]:

$$\frac{\partial \rho}{\partial t} + \mathrm{div}(\rho \cdot v) = 0, \qquad (4)$$

$$\rho \frac{\partial v}{\partial t} + \nabla p - \mu \cdot \Delta v + \rho \cdot G(v) - \rho \cdot F - \frac{\mu}{3}\Omega(v) = 0, \qquad (5)$$

где

$$\Omega(v) = \nabla(\nabla v). \qquad (6)$$

В приложении 1 функции (3) и (6) представлены в развернутом виде – см. (p14, p29, p30). Для сжимаемой жидкости плотность является известной функцией давления:

$$\rho = f(p). \qquad (7)$$

Далее будем рассуждать по аналогии с предыдущим. В данном случае необходимо рассмотреть еще мощность изменения потерь энергии при расширении\сжатии вследствие трения

$$P_8(v) = \frac{\mu}{3} v \cdot \Omega(v). \qquad (9)$$

Имеем еще:

$$\frac{\partial}{\partial v}(P_8(v)) = \frac{\mu}{3}\Omega(v). \qquad (10)$$

Можно заметить, что функция $\Omega(v)$ в рассматриваемом контексте ведет себя аналогично функции $\Delta(v)$. Это позволяет применить предложенный подход и к сжимаемым жидкостям.

9.2. Энержиан-2 и квазиэкстремаль

По аналогии с предыдущим запишем квазиэкстремаль для сжимаемой жидкости в следующем виде:

$$\left\{ \begin{aligned} & \frac{\partial}{\partial v}\left(\rho \cdot v \frac{dv}{dt}\right) - \frac{1}{2}\mu \cdot \frac{\partial_o}{\partial v}(v \cdot \Delta v) + \frac{\partial}{\partial q}\left(\frac{1}{\rho}\operatorname{div}(\rho \cdot p \cdot v)\right) + \\ & + \frac{\partial}{\partial v}(\rho \cdot v \cdot G(v)) - \frac{\partial_o}{\partial v}(\rho \cdot F \cdot v) - \\ & - \frac{\partial}{\partial p}\left(\frac{p}{\rho}\frac{\partial \rho}{\partial t}\right) - \frac{1}{2}\frac{\mu}{3} \cdot \frac{\partial_o}{\partial v}(v \cdot \Omega(v)) \end{aligned} \right\} = 0. \qquad (11)$$

9.3. Расщепленный энержиан-2

По аналогии с предыдущим запишем расщепленный энержиан-2 для сжимаемой жидкости в следующем виде:

$$\Re_2(q',q'') = \left\{ \begin{aligned} & \rho \cdot \left(v'\frac{dv''}{dt} - v''\frac{dv'}{dt}\right) - \mu \cdot (v'\Delta v' - v''\Delta v'') \\ & + \frac{2}{\rho}\left(\left(\operatorname{div}(\rho \cdot v' \cdot p'') - \operatorname{div}(\rho \cdot v'' \cdot p')\right)\right) + \\ & \rho \cdot (v'G(v'') - v''G(v')) - \rho \cdot F(v' - v'') - \\ & \frac{2}{\rho}\left(p'\frac{d\rho}{dt} - p''\frac{d\rho}{dt}\right) - \frac{\mu}{3}\cdot(v'\Omega(v') - v''\Omega(v'')) \end{aligned} \right\}. \qquad (12)$$

По формуле Остроградского (p23) найдем вариации функционала <u>расщепленного полного действия-2</u> от функций q'

$$\frac{\partial_o \Re_2}{\partial p'} = b_{p'}, \qquad (13)$$

$$\frac{\partial_o \Re_2}{\partial v'} = b_{v'}, \qquad (14)$$

Эти вариации определяются при варьировании функций p' и v', тогда как функции ρ, p'', v'' не изменяются. При этом получим:

1) $\dfrac{\partial}{\partial v'}\left[\rho\cdot\left(v'\dfrac{dv''}{dt} - v''\dfrac{dv'}{dt}\right)\right] = 2\rho\dfrac{dv''}{dt}$,

2) $\dfrac{\partial}{\partial v'}\left[-\mu\cdot\left(v'\Delta v' - v''\Delta v''\right)\right] = -2\mu\cdot\Delta v'$,

3) $\dfrac{\partial}{\partial v'}\left[\rho(v'G(v'') - v''G(v'))\right] = 2\rho\cdot\left[G\left(v'', \dfrac{\partial v''}{\partial X}\right) + G\left(v', \dfrac{\partial v''}{\partial X}\right)\right]$,

4) $\dfrac{\partial}{\partial v'}\left[-\rho\cdot F(v' - v'')\right] = -\rho\cdot F$,

5) $\dfrac{\partial}{\partial v'}\left[-\dfrac{\mu}{3}\cdot\left(v'\Omega(v') - v''\Omega(v'')\right)\right] = -\dfrac{2\mu}{3}\cdot\Omega(v')$,

6) $\dfrac{\partial}{\partial v'}\left[\dfrac{2}{\rho}(\mathrm{div}(\rho\cdot v'\cdot p'') - \mathrm{div}(\rho\cdot v''\cdot p'))\right] = 2\mathrm{grad}(p'')$,

7) $\dfrac{\partial}{\partial p'}\left[\dfrac{2}{\rho}(\mathrm{div}(\rho\cdot v'\cdot p'') - \mathrm{div}(\rho\cdot v''\cdot p'))\right] = -\dfrac{2}{\rho}\mathrm{div}(\rho\cdot v'')$,

8) $\dfrac{\partial}{\partial p'}\left[-\dfrac{2}{\rho}\left(p'\dfrac{d\rho}{dt} - p''\dfrac{d\rho}{dt}\right)\right] = -\dfrac{2}{\rho}\dfrac{d\rho}{dt}$.

$$(15)$$

Замечания к этим формулам:
  1, 2, 3, 4) – вывод приведен выше,
  5) – аналогична формуле 2),
  6, 7) - вывод приведен в приложении – см. (р34, р35) соответственно.

При этом имеем:

$$b_{p'} = -2\frac{d\rho}{dt} - 2\mathrm{div}(\rho\cdot v''), \qquad (16)$$

$$b_{v'} = \begin{Bmatrix} 2\rho \cdot \dfrac{dv''}{dt} - 2\mu \cdot \Delta(v') - \dfrac{2\mu}{3} \cdot \Omega(v') + 2\nabla(p'') \\ + 2\rho \cdot \left[G\left(v'', \dfrac{\partial v''}{\partial X}\right) + G\left(v', \dfrac{\partial v''}{\partial X}\right)\right] - \rho \cdot F \end{Bmatrix}. \quad (17)$$

Как показано выше, условие

$$b' = [b_{p'},\ b_{v'}] = 0 \qquad (18)$$

и аналогичное ему условие

$$b'' = [b_{p''},\ b_{v''}] = 0 \qquad (19)$$

являются необходимыми условиями для существования <u>седловой линии</u>. Из симметрии этих уравнений следует, что оптимальные функции q'_0 и q''_0, удовлетворяющие уравнениям (18, 19), удовлетворяют также условию

$$q'_0 = q''_0. \qquad (20)$$

Вычитая попарно уравнения (18, 19) с учетом (16, 17), получаем

$$-2\dfrac{d\rho}{dt} - 2\operatorname{div}(v' + v'') = 0, \qquad (21)$$

$$\begin{Bmatrix} +2\rho \cdot \dfrac{d(v'+v'')}{dt} - 2\mu \cdot \Delta(v'+v'') - \dfrac{2\mu}{3}\cdot \Omega(v'+v'') + \\ +2\nabla(p'+p'') - 2\rho \cdot F + 2\rho \cdot \begin{bmatrix} G\left(v'', \dfrac{\partial v''}{\partial X}\right) + G\left(v', \dfrac{\partial v''}{\partial X}\right) + \\ + G\left(v', \dfrac{\partial v'}{\partial X}\right) + G\left(v'', \dfrac{\partial v'}{\partial X}\right) \end{bmatrix} \end{Bmatrix} = 0 \quad (22)$$

Учитывая (2.45) и сокращая (21, 22) на 2, получаем уравнения (4, 5), где

$$q = q'_0 + q''_0, \qquad (23)$$

т.е. уравнения экстремальной линии являются уравнениями Навье-Стокса для сжимаемой жидкости.

9.4. О достаточных условиях экстремума

Выше для <u>несжимаемой</u> жидкости показано, что необходимые условия (18, 19) существования экстремума функционала полного действия-2 являются также и достаточными, если величина интеграла

$$I = \int_0^T \left\{ \oint_V \Re_{22} dV \right\} dt \qquad (24)$$

является знакопостоянной, где

$$\Re_{22} = -\mu b_v \Delta(b_v) - 2\rho v'' G(b_v). \qquad (25)$$

Для <u>сжимаемой</u> жидкости необходимые условия (18, 19) существования экстремума функционала полного действия-2 являются также и достаточными, если величина интеграла (24) является знакопостоянной, где, в отличие от (25),

$$\Re_{22} = -\mu b_v \Delta(b_v) - \frac{\mu}{3} b_v \Omega(b_v) - 2\rho v'' G(b_v). (26)$$

Для замкнутых систем с потоком <u>несжимаемой</u> жидкости выше показано, что величина (25) приобретает вид

$$\Re_{22} = -\mu b_v \Delta(b_v). \qquad (27)$$

Аналогично, для замкнутых систем с потоком <u>сжимаемой</u> жидкости величина (26) приобретает вид

$$\Re_{22} = -\mu b_v \Delta(b_v) - \frac{\mu}{3} b_v \Omega(b_v). \qquad (28)$$

Рассмотрим аналогично (24) интеграл

$$J = \int_0^T \left\{ \oint_V \Re'_{22} dV \right\} dt \qquad (29)$$

где

$$\Re'_{22} = -\mu \cdot v \cdot \Delta(v) - \frac{\mu}{3} v \cdot \Omega(v). \qquad (30)$$

(т.е. в эту формулу вместо функции b_v входит функция скорости). Поскольку доказательство знакопостоянства интеграла должно распространятся на любые функции, достаточно доказать знакопостоянство интеграла (29) со скоростями. Для этого заметим, что

- о первое слагаемое в (30) выражает тепловую энергию, выделяемую жидкостью в результате внутреннего трения,
- о второе слагаемое в (30) выражает тепловую энергию, выделяемую\поглощаемую жидкостью в результате расширения\сжатия.

Первая энергия положительна вне зависимости от того, какова функция вектора скорости от координат. (Более строгое доказательство этого утверждения для первого слагаемого дано в [4, 5]). Вторая энергия в сумме рана нулю (поскольку в данной постановке задачи температура не учитывается, т.е. принимается постоянной). Следовательно, интеграл (24, 30) имеет положительное значение на любой итерации, что и требовалось показать.

Таким образом, уравнения Навье-Стокса для сжимаемой жидкости имеют глобальное решение.

Глава 10. Механизм возникновения и метод расчета турбулентных течений

1. Вступление

Предлагается объяснение механизма возникновения турбулентных течений, которое основано на максвеллоподобных уравнениях гравитации, уточненных на основе известных экспериментов.

Показывается, что движущиеся молекулы текущей жидкости взаимодействуют между собой аналогично движущимся электрическим зарядам. Силы такого взаимодействия могут быть рассчитаны и включены в уравнения Навье-Стокса как массовые силы. Уравнения Навье-Стокса, дополненные такими силами, становятся уравнениями гидродинамики для турбулентного течения. При этом для расчета турбулентных течений можно использовать предложенные выше методы решения уравнений Навье-Стокса.

В [40] показано, что максвеллоподобные уравнения гравитоэлектромагнетизма должны быть дополнены некоторым эмпирическим коэффициентом гравитационной проницаемости среды. Этот коэффициент для вакуума имеет величину порядка $\xi \approx 10^{12}$ и резко уменьшается с увеличением давления. Это объясняет отсутствие видимых эффектов гравитомагнитного взаимодействия движущихся масс в воздухе. Однако в вакууме эти взаимодействия отчетливо проявляются в некоторых экспериментах [40].

В потоке жидкости движущиеся молекулы разъединены вакуумом. Поэтому силы их гравитомагнитного взаимодействия могут быть значительными и влиять на характер течения.

Известно, что при увеличении скорости ламинарного течения жидкости или газа самопроизвольно (без наличия внешних сил) возникает турбулентное течение [41]. Механизм самопроизвольного перехода от ламинарного течения к турбулентному не найден. Очевидно, должен быть обнаружен источник сил, перпендикулярных скорости потока.

Далее показывается, что гравитомагнитное взаимодействие движущихся масс жидкости может быть причиной возникновения турбулентности (см. также [47])

2. Взаимодействие движущихся электрических зарядов

Рассмотрим два заряда q_1 и q_2, движущиеся со скоростями v_1 и v_2 соответственно. Известно [42], что индукция поля, создаваемого зарядом q_1 в точке, где в данный момент находится заряд q_2, равна (здесь и далее используется система СГС)

$$\overline{B_1} = q_1 \left(\overline{v_1} \times \overline{r} \right) / c r^3 . \qquad (1)$$

При этом вектор $\overline{r}$ направлен из точки, где находится движущийся заряд q_1. Сила Лоренца, действующая на заряд q_2,

$$\overline{F_{12}} = q_2 \left(\overline{v_2} \times \overline{B_1} \right) / c . \qquad (2)$$

Аналогично,

$$\overline{B_2} = q_2 \left(\overline{v_2} \times \overline{r} \right) / c r^3 , \qquad (3)$$

$$\overline{F_{21}} = q_1 \left(\overline{v_1} \times \overline{B_2} \right) / c . \qquad (4)$$

В общем случае $\overline{F_{12}} \neq \overline{F_{21}}$, т.е. не соблюдается третий закон Ньютона – возникают неуравновешенные силы, действующие на заряды q_1 и q_2 и искривляющие траектории движения этих зарядов.

Рассмотрим соотношение между силой Лоренца и силой притяжения зарядов. В простейшем случае сила Лоренца, найденная из (1, 2) имеет вид

$$F = \frac{q_1 q_2 v_1 v_2}{r^2 c^2} . \qquad (5)$$

Сила притяжения двух зарядов

$$P = \frac{q_1 q_2}{r^2} . \qquad (6)$$

Следовательно,

$$\phi_e = \frac{F}{P} = \frac{v_1 v_2}{c^2} . \qquad (7)$$

Будем называть эту величину <u>эффективностью</u> сил Лоренца

3. Гравитомагнитное взаимодействие движущихся масс

По аналогии с взаимодействием электрических зарядов, две массы m_1 и m_2, движущиеся со скоростями v_1 и v_2 соответственно, также взаимодействуют между собой. В [40] показано, что в этом случае возникают гравитомагнитные индукции вида

$$\overline{B_{g1}} = Gm_1\left(\overline{v_1} \times \overline{r}\right)/cr^3, \qquad (1)$$

$$\overline{B_{g2}} = Gm_2\left(\overline{v_2} \times \overline{r}\right)/cr^3, \qquad (2)$$

где

c — скорость света в вакууме, $c \approx 3 \cdot 10^{10}$ см/сек;

G - гравитационная постоянная, $G \approx 7 \cdot 10^{-8}$ дин·см²·г$^{-2}$.

При этом на массы также действуют гравитомагнитные силы Лоренца, которые имеют следующий вида [40]:

$$\overline{F_{12}} = \varsigma\xi m_2\left(\overline{v_2} \times \overline{B_{g1}}\right)/c, \qquad (3)$$

$$\overline{F_{21}} = \varsigma\xi m_1\left(\overline{v_1} \times \overline{B_{g2}}\right)/c, \qquad (4)$$

где

$\varsigma = 2$, что следует из ОТО,

$\xi \approx 10^{12}$ - коэффициент гравитационной проницаемости вакуума [40].

При параллельных скоростях $\overline{v_1} = \overline{v_2}$ и равных массах силы $\overline{F_{12}} = -\overline{F_{21}}$ и ламинарное течение сохраняет свой характер. Однако в общем случае, когда $\overline{v_1} \neq \overline{v_2}$, возникают силы $\overline{F_{12}} \neq \overline{F_{21}}$, т.е. возникает неуравновешенная сила $\overline{\Delta F} = \overline{F_{12}} + \overline{F_{21}}$, действующая на массы m_1 и m_2 и искривляющая траектории движения этих масс (заметим, что при этом не соблюдается третий закон Ньютона [42]). Из приведенных формул следует, что неуравновешенная сила направлена под углом к скорости потока, что нарушает ламинарность.

Найдем соотношение между гравитомагнитной силой Лоренца и силой притяжения масс. Аналогично предыдущему в простейшем случае гравитомагнитную силу Лоренца находим из (1, 3):

$$F = \varsigma\xi\frac{Gm_1m_2v_1v_2}{r^2c^2}. \qquad (5)$$

Сила притяжения двух масс

$$P = \frac{Gm_1m_2}{r^2}. \qquad (6)$$

Следовательно,

$$\phi_g = \frac{F}{P} = \varsigma\xi \cdot \frac{v_1v_2}{c^2}. \qquad (7)$$

Будем называть эту величину <u>эффективностью</u> гравитомагнитных сил Лоренца. Сравнивая (2.7) и (3.7) находим, что

$$\phi_g = \phi_e\varsigma\xi. \qquad (8)$$

Следовательно, эффективность гравито-магнитных сил Лоренца намного выше, чем эффективность электромагнитных сил Лоренца для сопоставимых скоростей.

4. Гравитомагнитное взаимодействие как причина турбулентности

Для появления неуравновешенных сил должны выполнятся следующие условия:
1. скорости должны иметь определенную величину (при которой силы становятся существенными);
2. должна возникнуть причина местного изменения скоростей, например,
    - появление преграды
    - изменение давления при вытекании струи из воды.

Можно указать ряд причин, увеличивающих неуравновешенные силы:
- увеличение температуры, при котором скорости v_1 и v_2 перестают быть параллельными из-из тепловых флуктуаций,
- уменьшение вязкости, т.е. межмолекулярных сил притяжения, которые противодействуют неуравновешенной силе, раздвигающей молекулы.

Можно указать также ряд внешних факторов, вызывающих появление неуравновешенных сил за счет внешнего нарушения параллельности скоростей v_1 и v_2, например,

- резкие изменения температуры, давления,
- впрыскивание дополнительной жидкости или других веществ.

Локальное изменение равных скоростей пары связанных молекул, вызванное, например, несимметричным ударом, неизбежно распространяется на всю область течения.

Поскольку силы Лоренца не совершают работы, энергия для турбулентного движения должна поступать из энергии ламинарного течения, т.е. энергия входного потока должна превышать некоторую величину для возникновения турбулентности.

Уравнения Навье-Стокса позволяют определить скорости потока, встречающего преграду или покидающего преграду. Зная эти скорости, по указанным выше уравнениям можно определить неуравновешенные силы. Затем эти силы, как функции скорости, могут быть включены в уравнения Навье-Стокса как массовые силы.

Кинетическая энергия турбулентного движения увеличивается вместе с увеличением турбулентности. Это увеличение происходит за счет действия гравитомагнитных сил Лоренца. Источником этих сил и этой дополнительной энергии является (как показано выше) гравитационное поле Земли.

Существуют устройства, в которых используется эта дополнительная энергия – т.н. кавитационные теплогенераторы. Первым таким устройством было "Устройство для нагрева жидкостей" Дж. Гритса [44]. В нем *"использовался цилиндрический ротор, который имел поверхностные неровности. Ротор приводится в действие внешними силовыми средствами. Жидкость, вдуваемая в устройство, двигалась между ротором и корпусом устройства и выходила из устройства при повышенном давлении и/или температуре"*. В настоящее время существует множество таких устройств, различающихся способами создания турбулентного движения – см., например, [45], где есть также ссылки на множество прототипов. Такие устройства обеспечивают эффективные, простые, недорогие и надежные источники нагретой воды и других жидкостей для бытового и промышленного использования.

Вместе с существованием кавитационных теплогенераторов отсутствует общепринятая теория, выявляющая источник дополнительной энергии, появляющейся в результате функционирования этих кавитационных теплогенераторов. В частности, Григгс в [44] указывает, что его *"устройство является термодинамически высокоэффективным, несмотря на конструктивную и механическую простоту ротора и других соединений"*, но не дает теоретического обоснования этому утверждению. Авторы последующих устройств также не рассматривают причины эффективности своих устройств.

Все это подтверждает, что источником дополнительной энергии кавитационных теплогенераторов является гравитационное поле Земли.

5. Количественные оценки

В общем случае из (3.2, 3.4) найдем

$$\overline{F_{21}} = \frac{\varsigma\xi G m_1 m_2}{c^2 r^3} \left(\overline{v_1} \times \left(\overline{v_2} \times \overline{r}\right)\right). \tag{1}$$

Рассмотрим орты векторов, обозначая их штрихом. Тогда из (1) получим:

$$\overline{F_{21}} = \sigma \overline{f_{21}}, \tag{2}$$

где

$$\overline{f_{21}} = \left(\overline{v_1'} \times \left(\overline{v_2'} \times \overline{r'}\right)\right). \tag{3}$$

$$\sigma = \frac{\varsigma\xi G \cdot m_1 m_2 v_1 v_2}{c^2 r^2}, \tag{4}$$

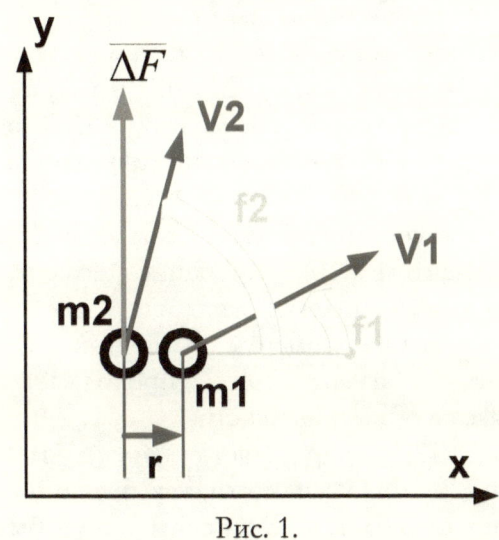

Рис. 1.

Аналогично,
$$\overline{F_{12}} = \sigma \overline{f_{12}}, \qquad (5)$$
где
$$\overline{f_{12}} = \left(\overline{v'_2} \times \left(\overline{v'_1} \times \overline{r'}\right)\right), \qquad (6)$$
и
$$\overline{\Delta F} = \sigma \overline{\Delta f}, \qquad (7)$$
где
$$\overline{\Delta F} = \overline{F_{21}} + \overline{F_{12}}, \qquad (8)$$
$$\overline{\Delta f} = \overline{f_{21}} + \overline{f_{12}}. \qquad (9)$$

Рассмотрим две соседние молекулы жидкости. Расстояние между молекулами жидкости остается неизменным. В силу малости расстояния r между ними можно полагать, что векторы скоростей $\overline{v'_1}$, $\overline{v'_2}$ этих молекул приложены к одной точке и лежат в некоторой общей плоскости xoy. Тогда вектор (9) также лежит в этой плоскости. На рис. 1 показано расположение векторов $\overline{v'_1}$, $\overline{v'_2}$, $\overline{r'}$.

В приложении (см. (6)) показано, что величина вектора (9) определяется по формуле
$$\Delta f = r \sin(\varphi_2 - \varphi_1). \qquad (8)$$
С учетом (9, 10) отсюда получаем:

$$\Delta F = \sigma \sin(\varphi_2 - \varphi_1). \qquad (9)$$

Эта сила возникает тогда, когда соседние молекулы ударяются о преграду под разными углами. Можно полагать, что суммарная сила приложена к одной из молекул. Поэтому она создает крутящий момент диполя, составленного из двух молекул,

$$M = r \cdot \Delta F. \qquad (10)$$

Каждая пара соседних молекул жидкости образует диполь с крутящим моментом (10). Крутящие моменты увеличивают локальные скорости молекул жидкости, что, в свою очередь, увеличивает крутящие моменты указанных диполей. Поэтому турбулентность, начавшись, продолжает развиваться, распространяясь в объеме жидкости.

Формула (9) определяет силы гравитомагнитного взаимодействия молекул жидкости, как функцию скоростей этих соприкасающихся молекул. Эти силы могут быть включены в уравнения Навье-Стокса как массовые силы – см. ниже.

6. Пример: турбулентный поток воды в трубе

Далее рассмотрим случай взаимодействия струй жидкости, предполагая, что взаимодействуют группы молекул, образующих элемент струи. Рассмотрим частный случай, когда у струй векторы скоростей равны $|v_1| = |v_2| = v$ и массы групп равны $m_1 = m_2 = m$. При этом по (4) найдем силу

$$\sigma = \varsigma \tilde{\varsigma} G \left(\frac{mv}{cr} \right)^2. \qquad (11)$$

где r – расстояние между струями. Обозначим через d характерный размер группы (диаметр струи) и перепишем (11) в виде

$$\sigma = \varsigma \tilde{\varsigma} G \left(\frac{\rho \cdot d^3 v}{cr} \right)^2. \qquad (11а)$$

где ρ - плотность жидкости, а масса группы

$$m = \rho \cdot d^3. \qquad (11в)$$

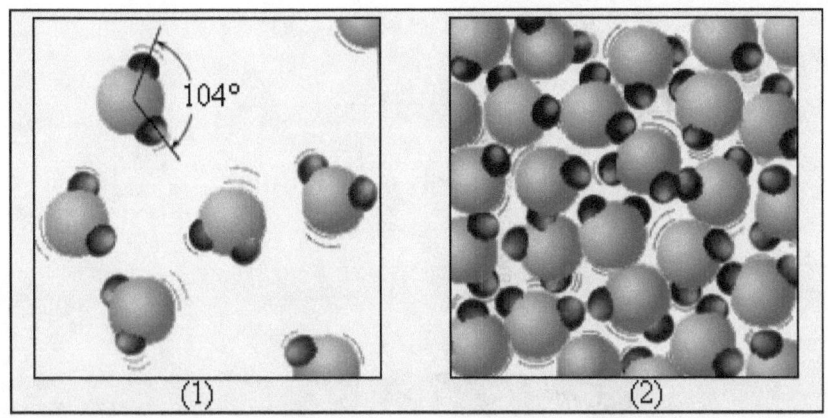

Рис. 2 (из Википедии). Водяной пар (1) и вода (2). Молекулы воды увеличены примерно в $5\cdot 10^7$ раз.

Дальнейший пример относится к воде. Поскольку в жидкостях молекулы располагаются на расстояниях соизмеримых с размерами самих молекул (см. рис. 2), то расстояние между молекулами примем равным диаметру молекулы, который для воды равен $r \approx 3\cdot 10^{-12}$ см. Плотность воды $\rho = 1$ г/см^3. Найдем еще скорость потока воды, при котором возникает турбулентность. Известно [41], что условие возникновения турбулентности определяется критерием Рейнольдса, который для круглой трубы имеет вид

$$\text{Re} = Dv/\eta, \qquad (12)$$

где D - диаметр трубы, η - коэффициент кинематической вязкости. Для воды $\eta \approx 0.01$ см^2/с [43]. Пусть $D = 2.5$ см. Турбулентность возникает, если число Рейнольдса $\text{Re} > 2300$. При этом из (12) найдем скорость турбулентного потока $v = 10$ см\сек. Пусть диаметр взаимодействующих струй $d \approx 0.1$ см. Выше указано, что $\varsigma = 2$, $\xi \approx 10^{12}$, $G \approx 7\cdot 10^{-8}$. Тогда из (11а) найдем

$$\sigma = 2\cdot 10^{12} \cdot 7\cdot 10^{-8} \left(1\cdot 0.1^3 \cdot 10 / \left(3\cdot 10^{10} \cdot 3\cdot 10^{-12}\right)\right) \approx 2000 \text{ дин} \qquad (13)$$

Предположим, что $\sin(\varphi_2 - \varphi_1) \approx 10^{-2}$. Тогда найдем силу (9):

$$\Delta F \approx 20 \text{ дин}. \qquad (14)$$

Из (10, 14) найдем еще крутящий момент:

$$M \approx r\cdot \Delta F \approx 2 \text{ дин*см}. \qquad (15)$$

7. Турбулеан

Снова вернемся к формуле (5.1):

$$\overline{F_{21}} = \frac{\varsigma\varsigma Gm^2}{c^2 r^3}\left(\overline{v_1} \times \left(\overline{v_2} \times \overline{r}\right)\right)\left[\text{дина} = \frac{\text{г}\cdot\text{см}}{\text{сек}^2}\right]. \qquad (1)$$

Аналогично п. 5 найдем

$$\overline{\Delta F} = \vartheta \cdot \overline{\Delta f}, \qquad (2)$$

где

$$\vartheta = \frac{\varsigma\varsigma Gm^2}{c^2 r^3}\left[\frac{\text{г}}{\text{см}^2}\right], \qquad (3)$$

$$\overline{\Delta f} = \vartheta\left(\left(\overline{v_1} \times \left(\overline{v_2} \times \overline{r}\right)\right) - \left(\overline{v_2} \times \left(\overline{v_1} \times \overline{r}\right)\right)\right). \qquad (4)$$

Учитывая (11в), перепишем (3) в виде

$$\vartheta = \frac{\varsigma\varsigma G\rho^2 d^6}{c^2 r^3}\left[\frac{\text{г}}{\text{см}^2}\right]. \qquad (4a)$$

Далее силы, вызывающие турбулентность, будем обозначать как T. В приложении показано (см. также рис. 1), что, если все векторы лежат в одной плоскости, то (4) эквивалентно формуле

$$T_y = \vartheta \cdot R_x \left(v_{2x}v_{1y} - v_{2y}v_{1x}\right), \qquad (5)$$

где

T_y - сила, действующая на массу, движущуюся со скоростью

v_2

R_x - расстояние между центрами масс.

Пусть две соседние группы молекул расположены на оси ox. Обозначим:

$$R_x = dx, \qquad (6a)$$

$$v_2 = v, \quad v_1 = v + dv. \qquad (6в)$$

Тогда

$$T_y = \vartheta \cdot dx \left(v_x\left(v_y + dv_y\right) - v_y\left(v_x + dv_x\right)\right) \qquad (7)$$

или

$$T_y = \vartheta \cdot dx \left(v_x dv_y - v_y dv_x\right). \qquad (8)$$

Аналогично, для правой системы координат имеем:

$$T_z = \vartheta \cdot dy \left(v_y dv_z - v_z dv_y\right), \qquad (9)$$

$$T_x = \vartheta \cdot dz(v_z dv_x - v_x dv_z). \qquad (10)$$

Рассмотрим оператор (который в дальнейшем для краткости будем называть турбулеаном)

$$\Omega(v) = \begin{vmatrix} v_z \dfrac{dv_x}{dz} - v_x \dfrac{dv_z}{dz} \\ v_x \dfrac{dv_y}{dx} - v_y \dfrac{dv_x}{dx} \\ v_y \dfrac{dv_z}{dy} - v_z \dfrac{dv_y}{dy} \end{vmatrix} \left[\dfrac{см}{сек^2} \right]. \qquad (11)$$

Пример 1. Рассмотрим идеальное ламинарное течение, в котором $v_x \neq 0$, $v_y = 0$, $v_z = 0$. Очевидно, при этом $\Omega(v) = 0$, т.е. ламинарное течение не может самопроизвольно перейти в турбулентное течение.

В соответствии с (6а) имеем

$$R = dx = dy = dz \qquad (12)$$

Из (10-12) следует выражение

$$T = R^2 \vartheta \cdot \Omega(v) \left[см^2 \, \dfrac{г}{см^2} \cdot \dfrac{см}{сек^2} = \dfrac{г \cdot см}{сек^2} = дина \right]. \qquad (13)$$

или

$$T = \mathcal{A} \cdot \Omega(v) [дина], \qquad (14)$$

где

$$\mathcal{A} = R^2 \vartheta = \dfrac{R^2 \varsigma \xi G \rho^2 d^6}{c^2 r^3} [г]. \qquad (15)$$

Выражение (14) определяет силу, действующую на группу молекул со стороны трех соседних групп молекул, находящихся перед ней на осях координат, если дифференциалы координат равны расстоянию между молекулами (12). Эта сила действует на объем четырех групп молекул, т.е. на объем $4d^3$. Поэтому сила, действующая на единичный объем,

$$T_m = \rho_m \Omega(v) \left[\dfrac{дина}{см^3} = \dfrac{г}{сек^2 см^2} \right], \qquad (16)$$

где

$$\rho_m = \dfrac{\mathcal{A}}{4d^3} = \dfrac{R^2 \varsigma \xi G \rho^2 d^3}{4c^2 r^3} \left[\dfrac{г}{см^3} \right].$$

или

$$\rho_m = \frac{\varsigma \xi G \rho^2 d^8}{4c^2 r^3}\left[\frac{\text{г}}{\text{см}^3}\right], \qquad (17)$$

поскольку $R \approx d$.

Заметим для сравнения, что в уравнениях гидродинамики размерность массовой силы $F_m\left[\frac{\text{дина}}{\text{г}} = \frac{\text{см}}{\text{сек}^2}\right]$, а размерность силы, действующей на единичный объем, $\rho F_m\left[\frac{\text{дина}}{\text{г}}\cdot\frac{\text{г}}{\text{см}^3} = \frac{\text{дина}}{\text{см}^3} = \frac{\text{г}}{\text{сек}^2\text{см}^2}\right]$. Именно такую размерность имеет и сила (16). При этом коэффициент (17) имеет размерность плотности и может быть назван <u>турбулентной плотностью</u> данной жидкости.

> **Пример 2.** Найдем <u>турбулентную плотность</u> ρ_m воды. Имеем: $\rho = 1\text{г/см}^3$, $d \approx 0.1\text{см}$, $c \approx 3\cdot 10^{10}\text{см/сек}$, $\varsigma = 2$, $\xi \approx 10^{12}$. Пусть диаметр струи $d \approx 0.1\text{см}$ и расстояние между струями $r \approx 10^{-8}\text{см}$. Тогда
>
> $$\rho_m = \frac{\varsigma\xi G \rho^2 d^8}{4c^2 r^3} = \frac{2\cdot 10^{12}\cdot 7\cdot 10^{-8}\cdot 10^{-8}}{4\cdot\left(3\cdot 10^{10}\right)^2\left(10^{-8}\right)^3}$$
>
> или $\rho_m \approx 0.4\left[\dfrac{\text{г}}{\text{см}^3}\right]$.

8. Уравнения турбулентного потока

Силы (16) могут быть включены в уравнения Навье-Стокса. <u>Уравнения Навье-Стокса, дополненные такими силами, становятся уравнениями гидродинамики для турбулентного течения.</u> Эти уравнения имеют вид:

$$\text{div}(v) = 0, \qquad (1)$$

$$\rho\frac{\partial v}{\partial t} + \nabla p - \mu\Delta v + \rho(v\cdot\nabla)v - \rho F - \rho_m\Omega(v) = 0, \qquad (2)$$

В стационарном режиме эти уравнения принимают вид

$$\text{div}(v) = 0, \qquad (3)$$

$$\nabla p - \mu \Delta v + \rho(v \cdot \nabla)v - \rho F - \rho_m \Omega(v) = 0, \qquad (4)$$

Модифицированные уравнения (3, 4) в стационарном режиме принимают вид

$$\operatorname{div}(v) = 0, \qquad (5)$$

$$-\mu \Delta v + \nabla D - \rho F - \rho_m \Omega(v) = 0, \qquad (6)$$

Для решения этой системы уравнений по аналогии с главой 6 рассмотрим функционал

$$\Phi(v) = \oiiint\limits_{x,y,z} Y(v)\,dxdydz \qquad (7)$$

где

$$Y(v) = \frac{1}{2}\mu \cdot v \cdot \Delta v + \frac{r}{2}(div(v))^2 + \rho \cdot F \cdot v + \rho_m \cdot \Omega(v) \cdot v. \qquad (8)$$

Найдем функцию Остроградского (6.5а) для слагаемого $\Omega(v) \cdot v$. Имеем:

$$\frac{\partial_o}{\partial v_x}(v_x \Omega_x(v)) = \begin{bmatrix} \frac{\partial}{\partial v_x}(v_x \Omega_x(v)) - \frac{d}{dx}\left(\frac{\partial}{\partial(dv_x/dx)}(v_x \Omega_x(v))\right) - \\ -\frac{d}{dy}\left(\frac{\partial}{\partial(dv_x/dy)}(v_x \Omega_x(v))\right) - \\ -\frac{d}{dz}\left(\frac{\partial}{\partial(dv_x/dz)}(v_x \Omega_x(v))\right) \end{bmatrix} =$$

$$= \left[\Omega_x(v) + v_x \frac{\partial}{\partial v_x}(\Omega_x(v)) - \frac{d}{dz}\left(\frac{\partial}{\partial(dv_x/dz)}(v_x \Omega_x(v))\right)\right] =$$

$$= \Omega_x(v) - v_x \frac{dv_z}{dz} - v_x \frac{d}{dz}\left(\frac{\partial}{\partial(dv_x/dz)}(\Omega_x(v))\right) =$$

$$= \Omega_x(v) - 2v_x \frac{dv_z}{dz} = v_z \frac{dv_x}{dz} - 3v_x \frac{dv_z}{dz}$$

Аналогично,

$$\frac{\partial_o}{\partial v_y}(v_y \Omega_y(v)) = v_x \frac{dv_y}{dx} - 3v_y \frac{dv_x}{dx},$$

$$\frac{\partial_o}{\partial v_z}(v_z \Omega_z(v)) = v_y \frac{dv_z}{dy} - 3v_z \frac{dv_y}{dy}.$$

Таким образом,

$$\Omega_o(v) = \frac{\partial_o}{\partial v}(v \cdot \Omega(v)) = \begin{bmatrix} v_z \frac{dv_x}{dz} - 3v_x \frac{dv_z}{dz} \\ v_x \frac{dv_y}{dx} - 3v_y \frac{dv_x}{dx} \\ v_y \frac{dv_z}{dy} - 3v_z \frac{dv_y}{dy} \end{bmatrix}. \qquad (9)$$

Далее по аналогии с главой 5 можно было бы рассмотреть алгоритм движения по градиенту функционала (7). Однако этот функционал (в отличии от функционала (5.3)) не является выпуклым и, следовательно, его минимизация не может быть выполнена движением по градиенту. Поэтому рассмотрим другой способ решения системы уравнений (5, 6).

Турбулентное течение при *ограниченной* турбулентности можно рассматривать как сумму двух процессов:

1. ламинарное течение с *«магистральными скоростями»*, вызванное массовыми силами F,
2. турбулентность с *«дополнительными скоростями»*, вызванная силами $\Omega(v)$.

При этом *«магистральные скорости»* потока не изменяются силами $\Omega(v)$, но эти силы создают *«дополнительные скорости»*, заставляющие элементы потока колебаться относительно «магистрального направления». Эти <u>дополнительные скорости</u> <u>существенно меньше</u> *магистральных скоростей*. При таком предположении алгоритм решения системы уравнений (5, 6) может быть таким:

1. Принимаем $\Omega(v) = 0$. При этом система уравнений (5, 6) принимает вид (5.2).
2. Решаем систему уравнений (5.2) по алгоритму, описанному в разделе 5.2, и определяем магистральные скорости v_m и соответствующие им квазидавления ∇D_m.
3. Вычисляем мощности P_6, P_3, P_7. Эти мощности определены соответственно по (2.16, 2.14, 2.10а). При этом должно выполнятся условие баланса мощностей $P_6 + P_3 + P_7 = 0$.
4. При известных скоростях v_m находим силы $\Omega(v_m)$ по (10.7.11)
5. Решаем систему уравнений вида
$$\text{div}(v) = 0, \qquad (10)$$

$$-\mu \cdot \Delta v + \nabla D - \rho_m \Omega_m = 0. \qquad (11)$$

Эта система уравнений формально совпадает с системой уравнений (5.2) и также решается по алгоритму, описанному в разделе 5.2. При этом определяются скорости v_t, вызванные силами $\Omega_m = \Omega(v_m)$, и соответствующие им квазидавления ∇D_t.

6. Вычисляем мощности P_6, P_3, P_7 по (2.16, 2.14, 2.10а). При этом должно выполнятся условие $P_6 + P_3 + P_7 = 0$. Здесь P_6 является мощностью турбулентных сил.

7. Полные мощности P_{60}, P_{30}, P_{70} находятся как сумма мощностей, найденных в п.3 и п.6.

8. Определяем суммарные скорости $v = v_m + v_t$ и суммарные квазидавления $\nabla D = \nabla D_m + \nabla D_t$.

9. По (5.11, 5.12) определяем давления p.

9. Пример решения задачи с турбулентностью

Вновь рассмотрим течение в миксере – как в разделе 7.6. Ниже приведены различные графики, причем левые рисунки относятся к расчету по п. 3, а правые рисунки относятся к расчету по п. 6 при $\rho_m = 1$.

На рис. 6 показаны ошибки выполнения уравнений (2.2) и 2.1) в зависимости от числа итераций - см. Error1 и Error2 соответственно.

На рис. 7 показаны функции скорости v_R в зависимости от радиуса.

На рис. 8 показаны функции скорости v_R в зависимости от расстояния по высоте до центра миксера при постоянном значении радиуса; прямоугольником в этом окне обозначена область действия силы.

На рис. 9 показаны функции силы ρF и функции лагранжиана $\mu \cdot \Delta v$ в зависимости от радиуса, где функции ρF имеют бОльшее значение максимума.

Обозначим через v_s скорость, направленную по горизонтальной окружности.

На рис. 10 показаны эпюры этой скорости v_s на вертикальной плоскости, проходящей через ось oy.

На рис. 11 показаны эпюры скорости v_s на горизонтальной плоскости, проходящей через середину миксера.

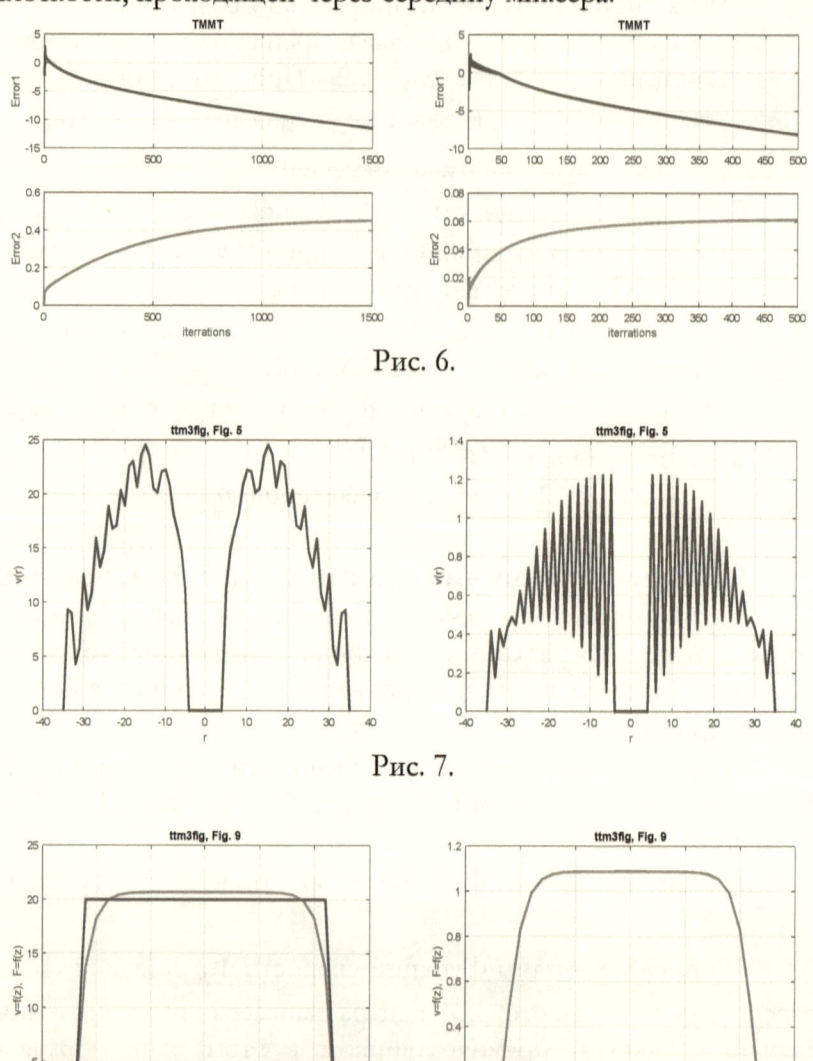

Рис. 6.

Рис. 7.

Рис. 8.

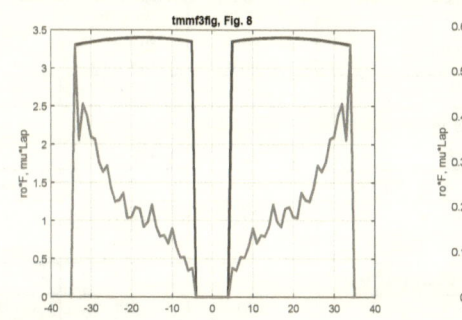 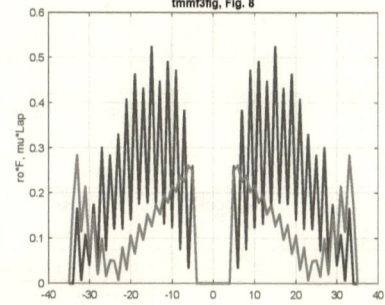

Рис. 9.

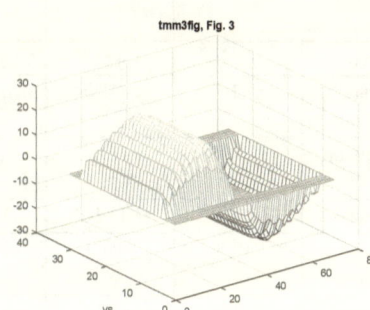 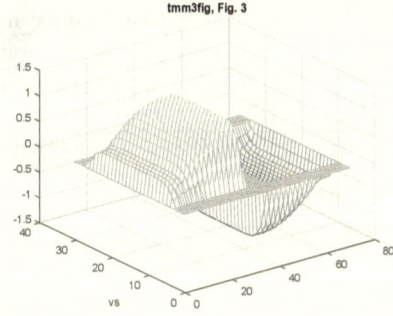

Рис. 10.

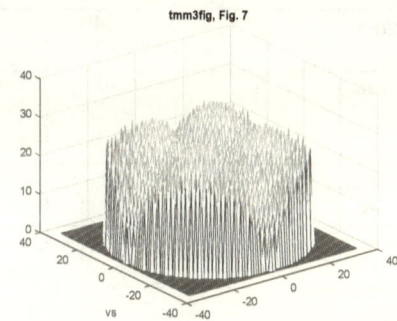 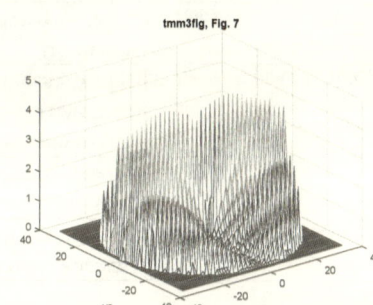

Рис. 11.

Исходные данные и результаты расчета сведены в табл. 1.

В столбце 3 этой таблицы показаны результаты решения системы уравнений (5.2) по п. 2 рассматриваемого алгоритма.

В столбцах 4, 5 этой таблицы показаны результаты решения системы уравнений (10, 11) по п. 5 рассматриваемого алгоритма.

Таблица 1.

Обозна-чение	Размерность	Параметры	Без турбулентности	С турбулентностью	С турбулентностью
1		2	3	4	5
ρ_m	г/см^3	Турбулентная плотность	0	10	1
ρ	г/см^3	Плотность жидкости	1.7	1.7	1.7
μ	см^2/сек	Коэффициент внутреннего трения	0.7	0.7	0.7
k		Количество итераций	1500	500	500
r		Параметр	100	100	100
ε		Относительная ошибка выполнения уравнений гидродинамики	$0.01 \cdot 10^{-3}$	$0.29 \cdot 10^{-3}$	$0.29 \cdot 10^{-3}$
P_3	г/сек^{3}см	Тепловая мощность	$-1.6 \cdot 10^6$	$-1.8 \cdot 10^6$	$-0.018 \cdot 10^6$
P_6	г/сек^{3}см	Мощность массовых сил	$5 \cdot 10^6$	$3.8 \cdot 10^6$	$0.038 \cdot 10^6$
P_7	г/сек^{3}см	Мощность изменения потока энергии	$-1.6 \cdot 10^6$	$-2 \cdot 10^6$	$-0.02 \cdot 10^6$
$P_6+P_3+P_7$	г/сек^{3}см	Небаланс мощностей	$6.4 \cdot 10^4$	$7.3 \cdot 10^4$	$0.073 \cdot 10^4$
ε_P		Относительный небаланс мощностей	0.0128	0.0191	0.0191
P_{60}	г/сек^{3}см	Полная мощность массовых сил	$5 \cdot 10^6$	$8.8 \cdot 10^6$	$5.038 \cdot 10^6$
$\vartheta = P_{60}/P_6$		Коэффициент эффективности	1	1.76	1.0076
$mid(v)$	см/сек	Среднеквадратичная скорость	9.49	4.54	0.45
$mid(\nabla D)$	г/сек^{2}см^2	Среднеквадратичный градиент квазидавления	0.0389	0.0453	0.0143
div	1/сек	Среднеквадратичная дивергенция в точке	0.452	0.613	0.0614
$mid(F)$	см/сек^2	Среднеквадратичная массовая сила	0.947	1.865	0.186

Можно заметить, что

1. Дополнительные скорости V, показанные в строке «Среднеквадратичная скорость» и столбцах 4-5, существенно меньше магистральных скоростей $Vo.$, показанных в той же строке и столбце 3. Здесь видно, что $V<<Vo$. Следовательно выполняется наше предположение.

2. При определенном числе итераций выполняется уравнение баланса мощностей $P_6+P_3+P_7 \approx =0$ — см. строку «Относительный небаланс мощностей», где $\varepsilon_P = (P_6 + P_3 + P_7)/P_6$.

3. Одновременно погрешность выполнения системы уравнений (5.2) и системы уравнений (10, 11) также становится незначительной – см. строку «Относительная ошибка…». Эта величина вычисляется по формуле $\varepsilon = (\sum(g^2))/(\sum(v^2))$.

4. Одновременно погрешность выполнения уравнения $div = 0$ также становиться незначительной – см. строку «Среднеквадратичная дивергенция».

5. Видно в табл. 1 и рис. 1-7, что при учете турбулентных сил появляются дополнительные мощности P_3 и P_7, т.е. энергия турбулентных сил превращается в энергию нагрева и работу давлений – **турбулентность повышает температуру и давление.**

6. Превышение мощности моссовых сил за счет дополнительных турбулентных сил будем оценивать <u>коэффициентом эффективности</u> $\vartheta = P_{60}/P_6$.

10. Выводы

Турбулентность вызывается гравитационным полем Земли. Силы турбулентности и кинетическая энергия турбулентного движения могут быть расчитаны по уравнениям гидродинамики, дополненными турбулеаном.

Влияние гравитомагнитных сил возрастает с увеличением скорости движения. Поэтому при малых скоростях наблюдается ламинарное течение, но с увеличением скорости существенную роль начинают играть турбулентные силы. Анонимный автор в [47] формулирует очень глубокое наблюдение:

Традиционная гидродинамика неявно исходит из того постулата, что естественной формой движения жидкостей и газов является ламинарное течение, а турбулентность рассматривается как его нарушение, вызванное тем или иным ограничением его «свободы». Однако, исходя из того факта, что течение, бывшее ламинарным в относительно узком канале, при удалении ограничивающих его стенок и сохранении прежней скорости начинает завихряться, логично заключить, что <u>именно вихревое течение является «естественной» формой движения жидкостей и газов</u>, а ламинарным оно становится вынужденно — как раз под воздействием внешних ограничений! Достаточно взглянуть на формулу числа Рейнольдса — общепризнанного критерия ламинарности или турбулентности потока, — при неизменной скорости потока оно растёт пропорционально диаметру трубы, а значит, течение становится более турбулентным. В узкой трубке мчащаяся с большой скоростью жидкость ламинарна, а в безбрежном океане даже медленные течения сопровождаются водоворотами и завихрениями — такими же медленными, малозаметными и безопасными, как и породившие их потоки.

Существуют устройства, в которых используется эта дополнительная энергия, создаваемая турбулентными силами – т.н. <u>кавитационные теплогенераторы</u>. Первым таким устройством было "Устройство для нагрева жидкостей" Дж. Григгса [44]. В настоящее время существует множество таких устройств, различающихся способами создания турбулентного движения – см., например, [45], где есть также ссылки на множество прототипов. Такие устройства обеспечивают эффективные, простые, недорогие и надежные источники нагретой воды и других жидкостей для бытового и промышленного использования.

Вместе с существованием кавитационных теплогенераторов отсутствует общепринятая теория, выявляющая источник дополнительной энергии, появляющейся в результате функционирования этих кавитационных теплогенераторов. В частности, Григгс в [44] указывает, что его *"устройство является термодинамически высокоэффективным, несмотря на конструктивную и механическую простоту ротора и других соединений"*, но не дает теоретического обоснования этому утверждению. Авторы последующих устройств также не рассматривают причины эффективности своих устройств.

Применение предлагаемого метода расчета турбулентных течений позволить выполнить оптимальное проектирование таких устройств.

Существует и другие устройства, демонстрирующие существование необъяснимого прироста энергии, например, трубка Ранка [40, глава 5.6], сопла Котоусова [48]. Для них также отсутствует метод расчета и может быть применен предлагаемый метод.

Приложение

Рассмотрим выражение с векторами вида

$$\overline{f} = \left(\overline{a} \times \left(\overline{b} \times \overline{r}\right)\right). \tag{1}$$

В правой системе декартовых координат это выражение принимает вид

$$\bar{f} = \begin{bmatrix} a_y(b_x r_y - b_y r_x) - a_z(b_z r_x - b_x r_z) \\ a_z(b_y r_z - b_z r_y) - a_x(b_x r_y - b_y r_x) \\ a_x(b_z r_x - b_x r_z) - a_y(b_y r_z - b_z r_y) \end{bmatrix}. \qquad (2)$$

Предположим, что проекции этих векторов на ось Z равны нулю. Тогда

$$\bar{f} = (b_x r_y - b_y r_x)\begin{bmatrix} a_y \\ -a_x \\ 0 \end{bmatrix}. \qquad (2a)$$

Предположим еще, что $r_y = 0$, т.е. $r = r_x$. Тогда

$$\bar{f} = r b_y \begin{bmatrix} -a_y \\ a_x \\ 0 \end{bmatrix}. \qquad (3)$$

Итак, при указанных условиях

$$\bar{f}_{ab} = (\bar{a} \times (\bar{b} \times \bar{r})) = r b_y \begin{vmatrix} -a_y \\ a_x \end{vmatrix}. \qquad (3a)$$

Аналогично,

$$\bar{f}_{ba} = (\bar{b} \times (\bar{a} \times (-\bar{r}))) = -r a_y \begin{vmatrix} -b_y \\ b_x \end{vmatrix}.$$

Имеем

$$\overline{\Delta f} = \bar{f}_{ab} + \bar{f}_{ba} = r\begin{pmatrix} 0 \\ a_x b_y - a_y b_x \end{pmatrix} \qquad (4)$$

или

$$\overline{\Delta f_y} = r(a_x b_y - a_y b_x) = rab(\cos\varphi_a \sin\varphi_b - \sin\varphi_a \cos\varphi_a), \quad (5)$$

где φ_a, φ_b - углы векторов a, b с осью ox. Таким образом, вектор $\overline{\Delta f}$ лежит в той же плоскости, где находятся исходные векторы, направлен вдоль оси oy и имеет величину

$$\Delta f = rab\sin(\varphi_b - \varphi_a). \qquad (6)$$

Обсуждение

Физические предположения часто строятся на математических следствиях. Правомерно было бы строить математические предположения на основе физических фактов. В этой книжке есть несколько таких мест.
1. Вывод уравнений делается на основе преложенного принципа экстремума общего действия.
2. Основное уравнение разделяется на два независимых уравнения на основе физического факта – отсутствия потока энергии сквозь замкнутую систему.
3. Исключение условия непрерывности для замкнутых систем основано на физическом факте – непрерывности потока жидкости в <u>замкнутой</u> системе.
4. Обычно в задаче указываются границы области поиска решения и граничные условия – скорости, ускорения, давления на границах. Эти условия обычно формируются на основе физических фактов, например, "прилипание" жидкости к стенкам, твердость стенок и т.д. В предложенном методе часто <u>граничные условия не включаются в постановку задачи</u>, а находятся в процессе решения.

Метод решения состоит в движении по градиенту к седловой точке функционала, образованного из уравнения баланса мощностей. Получаемые при этом решения
- интерпретируются как экспериментально обнаруживаемые физические эффекты (например, непроницаемость стенок, "прилипание" жидкости к стенкам, отсутствие потока энергии через замкнутую систему),
- совпадают с решениями, полученными ранее другими методами (например, решение задачи Пуазейля),
- являются обобщением известных решений (например, обобщение задачи Пуазейля на трубы с произвольной формой сечения и\или с произвольной формой осевой линии),

- относятся к ранее нерешенным (насколько известно автору) задачам (например, задачи с массовыми силами, как функциями скорости, координат и времени).

Можно указать также возможные направления развития предлагаемого подхода, например,
- рассмотрение задач электро- и магнитогидродинамики,
- рассмотрение динамики свободных поверхностей (в изменяющихся границах при постоянстве объема жидкости)

Доказательство существования глобального решения относится к замкнутым системам. Практически требуется анализировать ограниченные и незамкнутые системы. Поэтому выше были рассмотрены некоторые способы формального преобразования незамкнутых систем в замкнутые:
- длинная труба, как предел кольцевой трубы,
- преобразование ограниченного отрезка трубы в замкнутую систему.

Вместе с этим следует отметить, что метод решения здесь не рассмотрен в полном объеме – рассмотрены только частные случаи стационарных течений и изменяющихся во времени течений.

Приложение 1. Некоторые формулы

Тут мы рассмотрим доказательство нескольких формул, использованных в основном тексте. Прежде всего напомним, что

$$\text{div}(v) = \left[\frac{\partial v_x}{\partial x} + \frac{\partial v_y}{\partial y} + \frac{\partial v_z}{\partial z}\right], \tag{p1}$$

$$\text{div}(v \cdot Q) = v \cdot \nabla Q + Q \cdot \text{div}(v), \tag{p1a}$$

$$\nabla p = \left[\frac{\partial p}{\partial x}, \frac{\partial p}{\partial y}, \frac{\partial p}{\partial z}\right], \tag{p2}$$

$$\Delta v_x = \frac{\partial^2 v_x}{\partial x^2} + \frac{\partial^2 v_x}{\partial y^2} + \frac{\partial^2 v_x}{\partial z^2}, \tag{p3}$$

лагранжиан в декартовых координатах

$$\Delta v = \begin{bmatrix} \dfrac{\partial^2 v_x}{\partial x^2} + \dfrac{\partial^2 v_x}{\partial y^2} + \dfrac{\partial^2 v_x}{\partial z^2} \\[6pt] \dfrac{\partial^2 v_y}{\partial x^2} + \dfrac{\partial^2 v_y}{\partial y^2} + \dfrac{\partial^2 v_y}{\partial z^2} \\[6pt] \dfrac{\partial^2 v_z}{\partial x^2} + \dfrac{\partial^2 v_z}{\partial y^2} + \dfrac{\partial^2 v_z}{\partial z^2} \end{bmatrix}, \tag{p4а}$$

лагранжиан в цилиндрических координатах

$$\Delta v = \begin{bmatrix} \left(\dfrac{1}{r}+r\right)\dfrac{\partial^2 v_r}{\partial r^2} + \dfrac{1}{r^2}\dfrac{\partial^2 v_r}{\partial \varphi^2} + \dfrac{\partial^2 v_r}{\partial z^2} \\[6pt] \left(\dfrac{1}{r}+r\right)\dfrac{\partial^2 v_\varphi}{\partial r^2} + \dfrac{1}{r^2}\dfrac{\partial^2 v_\varphi}{\partial \varphi^2} + \dfrac{\partial^2 v_\varphi}{\partial z^2} \\[6pt] \left(\dfrac{1}{r}+r\right)\dfrac{\partial^2 v_z}{\partial r^2} + \dfrac{1}{r^2}\dfrac{\partial^2 v_z}{\partial \varphi^2} + \dfrac{\partial^2 v_z}{\partial z^2} \end{bmatrix}, \tag{p4в}$$

$$(v \cdot \nabla) = \left[v_x \frac{\partial}{\partial x} + v_y \frac{\partial}{\partial y} + v_z \frac{\partial}{\partial z}\right], \tag{p5}$$

$$(v \cdot \nabla)v = \begin{bmatrix} v_x \dfrac{\partial v_x}{\partial x} + v_y \dfrac{\partial v_x}{\partial y} + v_z \dfrac{\partial v_x}{\partial z} \\ v_x \dfrac{\partial v_y}{\partial x} + v_y \dfrac{\partial v_y}{\partial y} + v_z \dfrac{\partial v_y}{\partial z} \\ v_x \dfrac{\partial v_z}{\partial x} + v_y \dfrac{\partial v_z}{\partial y} + v_z \dfrac{\partial v_z}{\partial z} \end{bmatrix} \cdot \tag{p6}$$

Из (2.5, 2.7а) следует

$$P_1 = \frac{\rho}{2} \frac{d}{dt}\left(v_x^2 + v_y^2 + v_z^2\right), \tag{p7}$$

т.е.

$$P_1 = \rho v \frac{dv}{dt} \tag{p8}$$

Рассмотрим функцию (2.7) или

$$\frac{P_5}{\rho} = \frac{1}{2}\begin{pmatrix} v_x \dfrac{d}{dx}\left(v_x^2 + v_y^2 + v_z^2\right) \\ + v_y \dfrac{d}{dy}\left(v_x^2 + v_y^2 + v_z^2\right) \\ + v_z \dfrac{d}{dz}\left(v_x^2 + v_y^2 + v_z^2\right) \end{pmatrix} \tag{p9}$$

или

$$P_5 = \frac{\rho}{2} v \cdot \Delta\left(W^2\right), \tag{p9a}$$

где

$$W^2 = \left(v_x^2 + v_y^2 + v_z^2\right), \tag{p9в}$$

Дифференцируя, получаем:

$$\frac{P_5}{\rho} = \left\{ \begin{array}{l} v_x\left(v_x \dfrac{dv_x}{dx} + v_y \dfrac{dv_y}{dx} + v_z \dfrac{dv_z}{dx}\right) + \\ v_y\left(v_x \dfrac{dv_x}{dx} + v_y \dfrac{dv_y}{dx} + v_z \dfrac{dv_z}{dx}\right) + \\ v_z\left(v_x \dfrac{dv_x}{dx} + v_y \dfrac{dv_y}{dx} + v_z \dfrac{dv_z}{dx}\right) \end{array} \right\} \cdot \tag{p10),(p11}$$

Обозначим:

$$g_x = \left(v_x \frac{dv_x}{dx} + v_y \frac{dv_x}{dy} + v_z \frac{dv_x}{dz} \right),$$

$$g_y = \left(v_x \frac{dv_y}{dx} + v_y \frac{dv_y}{dy} + v_z \frac{dv_y}{dz} \right), \qquad (p12)$$

$$g_z = \left(v_x \frac{dv_z}{dx} + v_y \frac{dv_z}{dy} + v_z \frac{dv_z}{dz} \right).$$

Рассмотрим вектор

$$G = \begin{Bmatrix} g_x \\ g_y \\ g_y \end{Bmatrix} \qquad (p13)$$

или

$$G = \begin{bmatrix} v_x \frac{\partial v_x}{\partial x} + v_y \frac{\partial v_x}{\partial y} + v_z \frac{\partial v_x}{\partial z} \\ v_x \frac{\partial v_y}{\partial x} + v_y \frac{\partial v_y}{\partial y} + v_z \frac{\partial v_y}{\partial z} \\ v_x \frac{\partial v_z}{\partial x} + v_y \frac{\partial v_z}{\partial y} + v_z \frac{\partial v_z}{\partial z} \end{bmatrix}. \qquad (p14)$$

Заметим, что

$$\frac{1}{2} G(v) = 2G(v/2) \qquad (p14а)$$

Из (p11-p14) получаем:

$$P_5/\rho = v \cdot G, \qquad (p15)$$

$$\frac{\partial P_5(v, G(v))}{\partial v} = \rho G(v), \qquad (p16)$$

Сравнивая (p6) и (p14), находим, что

$$G(v) = (v \cdot \nabla)v. \qquad (p18)$$

Итак,

$$\frac{\partial P_5(v, G)}{\partial v} = \rho(v \cdot \nabla)v, \qquad (p19)$$

Сравнивая (p9а, p15, p18), находим, что

$$\nabla(W^2) = 2 \cdot (v \cdot \nabla) \cdot v. \qquad (p19а)$$

Поскольку динамическое давление определяется как [2]

$$P_d = \rho W^2 / 2, \qquad (\text{р19с})$$

то из (р18, р19а) следует, что градиент динамического давления

$$\Delta(P_d) = \rho \cdot G. \qquad (\text{р19д})$$

Рассмотрим еще

$$G(v+b) = G(v) + G(b) + G_1(v,b) + G_2(v,b), \qquad (\text{р20})$$

где

$$G_1(v,b) = \begin{bmatrix} v_x \dfrac{\partial b_x}{\partial x} + v_y \dfrac{\partial b_x}{\partial y} + v_z \dfrac{\partial b_x}{\partial z} \\ v_x \dfrac{\partial b_y}{\partial x} + v_y \dfrac{\partial b_y}{\partial y} + v_z \dfrac{\partial b_y}{\partial z} \\ v_x \dfrac{\partial b_z}{\partial x} + v_y \dfrac{\partial b_z}{\partial y} + v_z \dfrac{\partial b_z}{\partial z} \end{bmatrix}, \qquad (\text{р20а})$$

$$G_2(v,b) = \begin{bmatrix} b_x \dfrac{\partial v_x}{\partial x} + b_x \dfrac{\partial v_x}{\partial y} + b_x \dfrac{\partial v_x}{\partial z} \\ b_y \dfrac{\partial v_y}{\partial x} + b_y \dfrac{\partial v_y}{\partial y} + b_y \dfrac{\partial v_y}{\partial z} \\ b_z \dfrac{\partial v_z}{\partial x} + b_z \dfrac{\partial v_z}{\partial y} + b_z \dfrac{\partial v_z}{\partial z} \end{bmatrix}. \qquad (\text{р20в})$$

Если $b = a \cdot b_v$, то

$$G(v + a \cdot b_v) = G(v) + a^2 G(b_v) + a G_1(v, b_v) + a G_2(v, b_v). \quad (\text{р21})$$

Имеем:

$$\tfrac{\partial}{\partial v}((div(v))^{\wedge}2) = \tfrac{\partial}{\partial v}((div(v))^{\wedge}2) = -\dfrac{d}{dX}\left(\dfrac{\partial((div(v))^2)}{\partial(dv/dX)}\right) = -\dfrac{d}{dX}\begin{pmatrix}\dfrac{\partial((di}{\partial(d\iota}\\ \dfrac{\partial((di}{\partial(d\iota}\\ \dfrac{\partial((di}{\partial(d\iota}\end{pmatrix}$$

$$(\text{р21а})$$

Имеем:

$$\frac{\partial_o}{\partial v'}\left(v''\frac{dv'}{dt}\right)=-\frac{dv''}{dt},$$

$$\frac{\partial_o}{\partial v''}\left(v''\frac{dv'}{dt}\right)=\frac{dv'}{dt},$$

$$\frac{\partial_o}{\partial v'}(v'\Delta v')=2\Delta v',$$

$$\frac{\partial_o}{\partial v'}(v''G(v'))=-G_1(v',v''),$$

$$\frac{\partial_o}{\partial v'}(v'G(v''))=G(v''),$$

$$\frac{\partial_o}{\partial v'}(v'\cdot\nabla(p''))=\nabla(p''),$$

$$\frac{\partial_o}{\partial p''}(v'\cdot\nabla(p''))=-\mathrm{div}(v'),$$

$$\frac{\partial_o}{\partial v'}\mathrm{div}(v'\cdot p'')=\nabla(p''),$$

$$\frac{\partial_o}{\partial p''}\mathrm{div}(v'\cdot p'')=-\mathrm{div}(v')\text{-см. (p1a)}.$$

(p22)

Необходимые условия экстремума функционала от функций нескольких независимых переменных – уравнения Остроградского [4] имеют для каждой функции вид

$$\frac{\partial_o f}{\partial v}=\frac{\partial f}{\partial v}-\sum_{a=x,y,z,t}\left[\frac{\partial}{\partial a}\left(\frac{\partial f}{\partial(dv/da)}\right)\right]=0, \quad \text{(p23)}$$

где f – подынтегральное выражение, $v(x,y,z,t)$ – переменная функция, a - независимая переменная.

Напряжения (в гидродинамике) определяются следующим образом [2]:

$$p_{xx}=-p+2\mu\frac{\partial v_x}{\partial x},\ \ p_{yy}=-p+2\mu\frac{\partial v_y}{\partial y},\ \ p_{zz}=-p+2\mu\frac{\partial v_z}{\partial z},$$

$$p_{xy}=p_{yx}=\mu\left(\frac{\partial v_x}{\partial y}+\frac{\partial v_y}{\partial x}\right),\ \ p_{xz}=p_{zx}=\mu\left(\frac{\partial v_x}{\partial z}+\frac{\partial v_z}{\partial x}\right),$$

$$p_{yz} = p_{zy} = \mu\left(\frac{\partial v_y}{\partial z} + \frac{\partial v_z}{\partial y}\right). \tag{p24}$$

Рассмотрим выражение
$$d_x = v_x p_{xx} + v_y p_{xy} + v_z p_{xz},$$
$$d_y = v_x p_{yx} + v_y p_{yy} + v_z p_{yz},$$
$$d_z = v_x p_{xx} + v_y p_{xy} + v_z p_{xz}. \tag{p25}$$

Из (p24, p25) находим
$$d_x = -p + \mu\left(\begin{array}{l}\left(v_x\dfrac{\partial v_x}{\partial x} + v_y\dfrac{\partial v_x}{\partial y} + v_z\dfrac{\partial v_x}{\partial z}\right) + \\ \left(v_x\dfrac{\partial v_x}{\partial x} + v_y\dfrac{\partial v_y}{\partial x} + v_z\dfrac{\partial v_z}{\partial x}\right)\end{array}\right),$$

$$d_y = -p + \mu\left(\begin{array}{l}\left(v_x\dfrac{\partial v_y}{\partial x} + v_y\dfrac{\partial v_y}{\partial y} + v_z\dfrac{\partial v_y}{\partial z}\right) + \\ \left(v_x\dfrac{\partial v_x}{\partial y} + v_y\dfrac{\partial v_y}{\partial y} + v_z\dfrac{\partial v_z}{\partial y}\right)\end{array}\right),$$

$$d_z = -p + \mu\left(\begin{array}{l}\left(v_x\dfrac{\partial v_z}{\partial x} + v_y\dfrac{\partial v_z}{\partial y} + v_z\dfrac{\partial v_z}{\partial z}\right) + \\ \left(v_x\dfrac{\partial v_x}{\partial z} + v_y\dfrac{\partial v_y}{\partial z} + v_z\dfrac{\partial v_z}{\partial z}\right)\end{array}\right). \tag{p26}$$

Отсюда следует, что двойной интеграл в формуле (81) в [1] и приложении 2 можно представить в следующем виде
$$J_{81} = \iint d\sigma\left(\begin{array}{l}\cos nx\left(-p + J_{81x}(v)\right) + \\ \cos ny\left(-p + J_{81y}(v)\right) + \\ \cos nz\left(-p + J_{81z}(v)\right)\end{array}\right). \tag{p27}$$

Формула Остроградского: интеграл от дивергенции векторного поля F, распространённый по некоторому объёму V, равен потоку вектора F через поверхность S, ограничивающую данный объём,
$$\iiint\limits_V \mathrm{div}(F)dV = \iint\limits_S F\cdot n\cdot dS. \tag{p28}$$

$$\Omega(v) = \left[\frac{\partial(\mathrm{div}(v))}{\partial x}, \frac{\partial(\mathrm{div}(v))}{\partial y}, \frac{\partial(\mathrm{div}(v))}{\partial z}\right], \qquad (\text{р}29)$$

$$\Omega(v) = \begin{bmatrix} \dfrac{\partial^2 v_x}{\partial x^2} + \dfrac{\partial^2 v_y}{\partial x \partial y} + \dfrac{\partial^2 v_z}{\partial x \partial z} \\ \dfrac{\partial^2 v_x}{\partial x \partial y} + \dfrac{\partial^2 v_y}{\partial y^2} + \dfrac{\partial^2 v_z}{\partial y \partial z} \\ \dfrac{\partial^2 v_x}{\partial x \partial z} + \dfrac{\partial^2 v_y}{\partial y \partial z} + \dfrac{\partial^2 v_z}{\partial z^2} \end{bmatrix}, \qquad (\text{р}30)$$

Если ρ, p — скалярные поля, а v — векторное поле, то

$$\mathrm{div}(\rho \cdot v) = v \cdot \mathrm{grad}(\rho) + \rho \cdot \mathrm{div}(v), \qquad (\text{р}31)$$
$$\mathrm{div}(\rho \cdot p \cdot v) = \rho \cdot v \cdot \mathrm{grad}(p) + p \cdot \mathrm{div}(\rho \cdot v), \qquad (\text{р}32)$$

т.е.

$$\mathrm{div}(\rho \cdot p \cdot v) = \rho \cdot v \cdot \mathrm{grad}(p) + p \cdot v \cdot \mathrm{grad}(\rho) + p \cdot \rho \cdot \mathrm{div}(v). \quad (\text{р}33)$$

Рассмотрим $\mathrm{div}(\rho \cdot p' \cdot v'')$ и будем полагать, что экстремум некоторого функционала определяется либо при варьировании функции p', либо при варьировании функции v''. Тогда, дифференцируя последнее выражение по формуле Остроградского (р23), найдем:

$$\frac{\partial_o}{\partial p'}\left[\mathrm{div}(\rho \cdot p' \cdot v'')\right] = 0 + v'' \cdot \mathrm{grad}(\rho) + \rho \cdot \mathrm{div}(v''),$$

$$\frac{\partial_o}{\partial v''}\left[\mathrm{div}(\rho \cdot p' \cdot v'')\right] = \rho \cdot \mathrm{grad}(p') + p' \cdot \mathrm{grad}(\rho) - p' \cdot \mathrm{grad}(\rho)$$

или

$$\frac{\partial_o}{\partial p'}\left[\mathrm{div}(\rho \cdot p' \cdot v'')\right] = \mathrm{div}(\rho \cdot v''), \qquad (\text{р}34)$$

$$\frac{\partial_o}{\partial v''}\left[\mathrm{div}(\rho \cdot p' \cdot v'')\right] = \rho \cdot \mathrm{grad}(p'). \qquad (\text{р}35)$$

Приложение 2. Выдержки из книги Николая Умова

http://nn.mi.ras.ru/Showbook.aspx?bi=171

УРАВНЕНІЯ

ДВИЖЕНІЯ ЭНЕРГІИ

ВЪ ТѢЛАХЪ.

НИКОЛАЯ УМОВА.

ОДЕССА,
ВЪ ТИПОГРАФІИ УЛЬРИХА И ШУЛЬЦЕ.
1874.

ном и том количеств энергіи, проходящем через них въ безконечно малый элементъ времени, равны.

§ 8. *Уравненія движенія энергіи въ тѣлахъ жидкихъ.*
Разсмотримъ сначала жидкости, не обращая вниманія на такъ называемое внутреннее треніе частицъ жидкости. Означая черезъ u, v, w скорости движенія частицъ жидкости въ одной и той же точкѣ пространства, черезъ p — давленіе и ρ — плотность, мы имѣемъ слѣдующія уравненія гидродинамики:

$$-\frac{1}{\rho}\frac{dp}{dx} = \frac{du}{dt} + u\frac{du}{dx} + v\frac{du}{dy} + w\frac{du}{dz}$$

$$-\frac{1}{\rho}\frac{dp}{dx} = \frac{dv}{dt} + u\frac{dv}{dx} + v\frac{dv}{dy} + w\frac{dv}{dv} \qquad (54)$$

$$-\frac{1}{\rho}\frac{dp}{dz} = \frac{dw}{dt} + u\frac{dw}{dt} + v\frac{dw}{dy} + w\frac{dw}{dz}$$

Мы снова опускаемъ случай дѣйствія внѣшнихъ силъ на частицы жидкости. Кромѣ приведенныхъ соотношеній мы имѣемъ еще слѣдующія:

$$\frac{dp}{dt} + \frac{d(\rho u)}{dx} + \frac{d(\rho v)}{dy} + \frac{d(\rho w)}{dz} = 0$$

$$\frac{1}{\rho}\frac{d\rho}{dt} + \frac{du}{dx} + \frac{dv}{dy} + \frac{dw}{dz} = 0 \qquad (55)$$

Умножая выраженія (54) соотвѣтственно на udt, vdt, wdt, складывая, дѣля на dt и интегрируя для всего объема среды, находимъ:

$$\iiint \frac{\rho}{2}\frac{d}{dt}(u^2+v^2+w^2)\,d\omega + \tfrac{1}{2}\iiint \left[\rho u\frac{d}{dx}(u^2+v^2+w^2)\right.$$
$$\left. + \rho v\frac{d}{dy}(u^2+v^2+w^2) + \rho w\frac{d}{dz}(u^2+v^2+w^2)\right]d\omega$$
$$+ \iiint \left(u\frac{dp}{dx} + v\frac{dp}{dy} + w\frac{dp}{dz}\right)d\omega = 0 \qquad (56)$$

Первая часть этого выраженія послѣ интеграціи по частямъ представится въ видѣ:

$$\int\int\int\left\{\frac{\rho}{2}\frac{d}{dt}(u^2+v^2+w^2)+\frac{u^2+v^2+w^2}{2}\frac{d\rho}{dt}-p\theta\right\}d\omega$$
$$+\int\int\left[\rho\frac{(u^2+v^2+w^2)}{2}+p\right]\left[u\cos(nx)+v\cos(ny)+w\cos(nz)\right]d\sigma=0 \quad (57)$$

гдѣ $d\sigma$ есть элементъ границъ и θ кубическое расширеніе. Это выраженіе можетъ быть написано еще въ такомъ видѣ:

$$\int\int\int\left[\frac{d}{dt}\left\{\frac{\rho}{2}(u^2+v^2+w^2)\right\}-p\theta\right]d\omega$$
$$+\int\int\left[\rho\frac{(u^2+v^2+w^2)}{2}+p\right]\left[u\cos(nx)+v\cos(ny)+w\cos(nz)\right]d\sigma=0 \quad (58)$$

Тройной интегралъ, входящій въ это выраженіе, представляетъ сумму измѣненій энергіи во всѣхъ элементахъ пространства занятаго средою. Дѣйствительно первый членъ подъинтегральной функціи тройнаго интеграла представляетъ измѣненіе живой силы съ временемъ въ одномъ и томъ же элементѣ объема среды; второй же членъ той же подъинтегральной функціи представляетъ измѣненіе работы давленій въ одномъ и томъ же элементѣ, взятое съ надлежащимъ знакомъ. Отсюда слѣдуетъ, что двойной интегралъ выраженія (58) представляетъ количество энергіи входящее въ среду черезъ ея границы. Слѣдовательно выраженіе (58) представляетъ законъ сохраненія энергіи для всей жидкой среды и потому оно тожественно съ уравненіемъ (7). Двойной интегралъ уравненія (58) долженъ быть тожественъ съ двойнымъ интеграломъ уравненія (7) и слѣдовательно долженъ преобразовываться въ тройной интегралъ тожественный со вторымъ тройнымъ интеграломъ выраженія (6). Дѣйствительно двойной интегралъ выраженія (58) можетъ быть преобразованъ въ тройной интегралъ слѣдующаго вида:

$$\iiint d\omega \begin{cases} +\dfrac{d}{dx}\left[u\left(p+\dfrac{\rho(u^2+v^2+w^2)}{2}\right)\right] \\ +\dfrac{d}{dy}\left[v\left(p+\dfrac{\rho(u^2+v^2+w^2)}{2}\right)\right] \\ +\dfrac{d}{dz}\left[w\left(p+\dfrac{\rho(u^2+v^2+w^2)}{2}\right)\right] \end{cases} \quad (59)$$

Подъинтегральная функція входящая въ это выраженіе представляетъ уже количество энергіи проникающей въ единицу времени въ одинъ и тотъ же элементъ объема жидкости. Справедливость этого заключенія можетъ быть повѣрена непосредственно, преобразовывая подъинтегральную функцію тройнаго интеграла выраженія (58) при помощи приведенныхъ выше уравненій гидродинамики. И такъ подъинтегральная функція выраженія (59) тожественна съ подъинтегральной функціей втораго тройнаго интеграла выраженія (7) или со второй частью основнаго уравненія (I). Изъ этого тожества вытекаютъ слѣдующія соотношенія между законами энергіи и законами частичныхъ движеній жидкихъ средъ:

$$\begin{aligned} \mathfrak{N}_x &= u\left(p+\dfrac{\rho i^2}{2}\right) \\ \mathfrak{N}_y &= v\left(p+\dfrac{\rho i^2}{2}\right) \\ \mathfrak{N}_z &= w\left(p+\dfrac{\rho i^2}{2}\right) \end{aligned} \quad (60)$$

гдѣ i есть скорость движенія частицы жидкости, т. е.

$$i^2 = u^2 + v^2 + w^2 \quad (61)$$

Изъ выраженій (60) слѣдуетъ, означая черезъ c скорость движенія энергіи, т. е.

около осей x, y, z. Если въ жидкости вращательныя движенія не существуютъ, то выраженія (75) принимаютъ видъ:

$$o = 2\frac{du}{dt} + \frac{dci}{dx}$$
$$o = 2\frac{dv}{dt} + \frac{dci}{dy} \qquad (77)$$
$$o = 2\frac{dw}{dt} + \frac{dci}{dz}$$

Если φ есть потенціалъ скоростей, то

$$\frac{d\varphi}{dt} = -\frac{ci}{2} \qquad (78)$$

т. е. отрицательная частная производная отъ потенціала скоростей по времени равна половинѣ произведенія скорости движенія энергіи на скорость движенія частицъ. Функція времени, которая должна быть прибавлена къ выраженію (78), подразумѣвается подъ знакомъ φ.

§ 10. *Уравненія движенія энергіи въ жидкостяхъ съ треніемъ.* Болѣе общіе дифференціальные законы движенія жидкостей получаются, какъ извѣстно, принимая существованіе давленій, направленныхъ косвенно къ плоскому элементу внутри жидкости, стороны коего параллельны плоскостямъ координатъ; мы означимъ слагающія косвенныхъ давленій испытываемыхъ тремя сторонами элемента ближайшими къ началу координатъ черезъ p_{xx}, p_{yy}, p_{xx}, p_{xy}, p_{yz}, p_{xz}; значеніе употребленныхъ здѣсь индексовъ извѣстно. Мы имѣемъ слѣдующія дифференціальныя уравненія съ частными производными, предполагая, что внѣшнія силы не дѣйствуютъ на элементы жидкости:

$$-\frac{1}{\rho}\left(\frac{dp_{xx}}{dx} + \frac{dp_{xy}}{dy} + \frac{dp_{xz}}{dz}\right) = \frac{du}{dt} + u\frac{du}{dx} + v\frac{du}{dy} + w\frac{du}{dz}$$
$$-\frac{1}{\rho}\left(\frac{dp_{xy}}{dx} + \frac{dp_{yy}}{dy} + \frac{dp_{yz}}{dz}\right) = \frac{dv}{dt} + u\frac{dv}{dx} + v\frac{dv}{dy} + w\frac{dv}{dz} \qquad (79)$$
$$-\frac{1}{\rho}\left(\frac{dp_{xz}}{dx} + \frac{dp_{yz}}{dy} + \frac{dp_{zz}}{dz}\right) = \frac{dw}{dt} + u\frac{dw}{dx} + v\frac{dw}{dy} + w\frac{dw}{dz}$$

Кромѣ этихъ выраженій для трущихся жидкостей остаются въ силѣ соотношенія (55).

Законъ сохраненія энергіи для всей массы жидкости будетъ

$$\iiint \left\{ \frac{\rho}{2} \frac{d}{dt}(u^2+v^2+w^2) + \frac{1}{2}\left[\rho u \frac{d}{dx}(u^2+v^2+w^2) + \right.\right.$$
$$\left.\left. + \rho v \frac{d}{dy}(u^2+v^2+w^2) + \rho w \frac{d}{dz}(u^2+v^2+w^2)\right]\right\} d\omega$$

$$+ \iiint d\omega \left\{ \begin{array}{l} u \left(\dfrac{dp_{xx}}{dx} + \dfrac{dp_{xy}}{dy} + \dfrac{dp_{xz}}{dz}\right) \\[2pt] + v \left(\dfrac{dp_{xy}}{dx} + \dfrac{dp_{yy}}{dy} + \dfrac{dp_{yz}}{dz}\right) \\[2pt] + w \left(\dfrac{dp_{xz}}{dx} + \dfrac{dp_{yz}}{dy} + \dfrac{dp_{zz}}{dz}\right) \end{array} \right\} = 0 \quad (80)$$

Интегрируя это выраженіе по частямъ находимъ:

$$\iiint \left[\frac{1}{2}\frac{d}{dt}\{\rho(u^2+v^2+w^2)\} - p_{xx}\frac{du}{dx} - p_{yy}\frac{dv}{dy} - p_{zz}\frac{dw}{dz} - \right.$$
$$\left. - p_{xy}\left(\frac{du}{dy}+\frac{dv}{dx}\right) - p_{xz}\left(\frac{du}{dz}+\frac{dw}{dx}\right) - p_{yz}\left(\frac{dv}{dz}+\frac{dw}{dy}\right) \right] d\omega$$

$$+ \iint d\sigma \left\{ \begin{array}{l} + \cos nx \left[\dfrac{u\rho(u^2+v^2+w^2)}{2} + p_{xx}u + p_{xy}v + p_{xz}w\right] \\[4pt] + \cos ny \left[\dfrac{v\rho(u^2+v^2+w^2)}{2} + p_{xy}u + p_{yy}v + p_{yz}w\right] \\[4pt] + \cos nz \left[\dfrac{w\rho(u^2+v^2+w^2)}{2} + p_{xz}u + p_{yz}v + p_{zz}w\right] \end{array} \right\} = 0 \quad (81)$$

Простой интегралъ входящій въ это выраженіе представляетъ измѣненіе энергіи всей жидкой массы отнесенное къ единицѣ времени; двойной же интегралъ распространенный на элементы поверхности жидкой массы представляетъ количество энергіи, входящей въ жидкость извнѣ. Этотъ двойной интегралъ можетъ быть представленъ въ формѣ тройнаго интеграла слѣдующаго вида:

$$\iiint d\omega \left\{ \begin{array}{l} \dfrac{d}{dx}\left\{ u\dfrac{\rho(u^2+v^2+w^2)}{2} + p_{xx}u + p_{xy}v + p_{xz}w \right\} \\ + \dfrac{d}{dy}\left\{ v\dfrac{\rho(u^2+v^2+w^2)}{2} + p_{xx}u + p_{yy}v + p_{yz}w \right\} \\ + \dfrac{d}{dz}\left\{ w\dfrac{\rho(u^2+v^2+w^2)}{2} + p_{xx}u + p_{yz}v + p_{zz}w \right\} \end{array} \right\} \quad (82)$$

Подъинтегральная функція этого выраженія представляетъ количество энергіи, проникающее въ одинъ и тотъ же элементъ объема жидкости отъ смѣжныхъ частей жидкости. Путемъ заключеній сходныхъ съ употребленными въ предъидущихъ параграфахъ мы убѣдимся, что эта подъинтегральная функція тожественна со второю частью основнаго уравненія (I). Математическое выраженіе этого тожества представится слѣдующими соотношеніями:

$$\mathcal{H}_x = u\dfrac{\rho(u^2+v^2+w^2)}{2} + p_{xx}u + p_{xy}v + p_{xz}w$$

$$\mathcal{H}_y = v\dfrac{\rho(u^2+v^2+w^2)}{2} + p_{xy}u + p_{yy}v + p_{yz}w \quad (83)$$

$$\mathcal{H}_z = w\dfrac{\rho(u^2+v^2+w^2)}{2} + p_{xz}u + p_{yz}v + p_{zz}w$$

Законы движенія энергіи представляютъ въ данномъ случаѣ средину между законами имѣющими мѣсто для тѣла упругаго и для тѣла жидкаго.

Приложение 3. Доказательство знакопостоянства интеграла $\int_V v \cdot \Delta(v) dV$

Здесь мы подробнее рассмотрим обоснование того, что интеграл (2.84) всегда имеет положительное значение. Для этого докажем знакопостоянство интеграла

$$J_1 = \int_V v \cdot \Delta(v) dV. \quad (1)$$

Рассмотрим вначале двумерный случай. Заменим лапласиан дискретным аналогом. Для этого рассмотрим двумерную сетку скоростей $v_{k,m}$, где $m = \overline{1,n}$ - номер точки по оси ОХ, $k = \overline{1,n}$ - номер точки по оси ОУ. Значение дискретного лапласиана в каждой точке определяется по формуле (см., например, функцию DEL2 в MATLAB):

$$L_{k,m} = \frac{1}{4}\left(v_{k,m-1} + v_{k,m+1} + v_{k-1,m} + v_{k+1,m}\right) - v_{k,m}. \quad (2)$$

В соответствии с этим дискретный лапласиан можно найти по формуле

$$L = \overline{v} \cdot A, \quad (3)$$

где вектор-строка

$$\overline{v} = \begin{bmatrix} v_{1,1},...,v_{1,m},...,v_{1,n}, \\ v_{2,1},...,v_{2,m},...,v_{2,n}, \\ ... \\ v_{k,1},...,v_{k,m},...,v_{k,n}, \\ ... \\ v_{n,1},...,v_{n,m},...,v_{n,n}, \end{bmatrix}, \quad (4)$$

а A – матрица, построенная по формуле (2). Для иллюстрации на фиг. 1 приведена матрица A при $n = 5$, построенная по формуле (2) – см., например, [27]. На этом же рисунке показана также нумерация элементов вектора $v_{k,m}$. По формуле (3) лапласиан также получается в виде, аналогичном виду (4). Дискретный аналог интеграла (1) имеет вид

$$\overline{J}_1 = \overline{v} \cdot A \cdot \overline{v}^T. \qquad (5)$$

Для проверки знакоопределенности матрицы A найдем для нее разложение Холецкого в виде

$$A = U^T U, \qquad (6)$$

где U - верхняя треугольная матрица. Известно [28], что, если матрица A симметрична и положительно определена, то для нее существует единственное разложение Холецкого. Программа `testMatrix.m` вычисляет разложение (6) и показывает, что матрица A симметрична и положительно определена. Это означает, что для любого вектора $\overline{v}$

$$\overline{v} \cdot A \cdot \overline{v}^T > 0. \qquad (7)$$

Таким образом, показано, что величина (5) в двумерном случае имеет положительное значение. Уменьшая шаг сетки, получаем в пределе, что и интеграл (1) в двумерном случае имеет положительное значение. Аналогично можно показать, что и в трехмерном случае интеграл (1) имеет положительное значение, что и т.д.

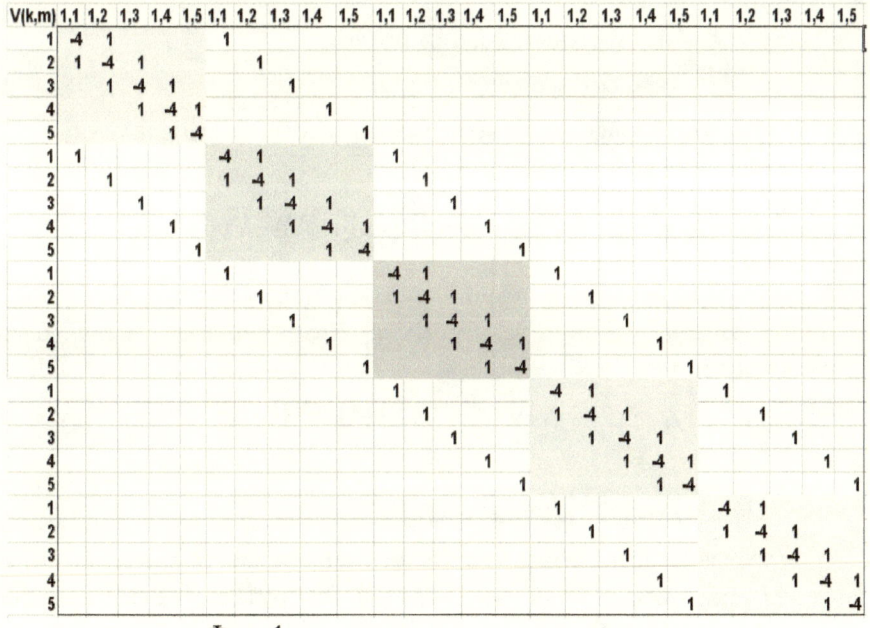

Фиг. 1.

Приложение 4. Решение вариационной задачи методом спуска по градиенту

Рассмотрим функционал

$$\Phi_2 = \int_V \Re(v)\,dv \qquad (1)$$

где

$$\Re(v) = \begin{pmatrix} \dfrac{1}{2}\mu \cdot (v_x \Delta v_x + v_y \Delta v_y + v_z \Delta v_z) \\ + \dfrac{r}{2} \cdot v \cdot \nabla(\operatorname{div}(v)) \\ + \rho \cdot (F_x v_x + F_y v_y + F_z v_z) \\ + \rho \cdot (P_x M_x v_x + P_y M_y v_y + P_z M_z v_z) \end{pmatrix}$$

или

$$\Re(v) = \begin{pmatrix} \dfrac{1}{2}\mu \cdot (v \cdot \Delta v) + \dfrac{r}{2} \cdot v \cdot \nabla(\operatorname{div}(v)) \\ + \rho \cdot F \cdot v + \rho \cdot P \cdot M \cdot v + \rho_m \cdot \Gamma(v) \cdot v \end{pmatrix}, \qquad (2)$$

r - постоянный коэффициент,

P - известные давления,

M - области, на которых определены эти давления.

Заметим, что

$$\frac{\partial}{\partial v}(v \cdot \nabla(\operatorname{div}(v))) = \nabla(\operatorname{div}(v)) + v \frac{\partial}{\partial v}(\nabla(\operatorname{div}(v))) = \nabla(\operatorname{div}(v)), \qquad (3)$$

С учетом (3) и в соответствии с уравнением Остроградского (p23) необходимое условие экстремума этого функционала имеет следующий вид:

$$\mu \cdot \Delta v - r \cdot \nabla(\operatorname{div}(v)) + Y = 0, \qquad (4)$$

где

$$Y = \rho \cdot (F + P \cdot M) \qquad (4a)$$

Для доказательства того, что это условие является и достаточным, будем рассуждать так же, как и в разделе 2.5. Градиент функционала (1) имеет вид левой части уравнения (4), т.е.

$$b = -\mu \cdot \Delta v + r \cdot \nabla(\mathrm{div}(v)) - Y . \qquad (5)$$

Пусть S – экстремаль и, следовательно, в ней градиент $b_s = 0$. Для выяснения характера этого экстремума исследуем знак приращения функционала

$$\delta\Phi_2 = \Phi_2(S) - \Phi_2(C), \qquad (6)$$

где C – линия сравнения, в которой $b = b_c \neq 0$. Пусть значения вектора на линиях S и C отличаются на

$$v - v_s = a \cdot b, \qquad (7)$$

где b - вариация на линии C, a – известное число. Если

$$\delta\Phi_2 = a \cdot A, \qquad (8)$$

где A - знакопостоянная величина в окрестности экстремали $b_s = 0$, то эта экстремаль является достаточным условием экстремума. Если, кроме того, A - знакопостоянная величина во всей области определения функции v, то эта экстремаль определяет глобальный экстремум.

Из (2.55) находим

$$\delta\Re_2 = \Re_{20} + \Re_{21} \cdot a + \Re_{22} \cdot a^2, \qquad (9)$$

где $\Re_{20}$, $\Re_{21}$, $\Re_{22}$ – не зависящие от a функции вида

$$\Re_{20} = \frac{r}{2} v_s \nabla(\mathrm{div}(v_s)) - \frac{1}{2}\mu \cdot v_s \cdot \Delta(v_s) - Y \cdot v_s, \qquad (10)$$

$$\Re_{21} = \begin{cases} \dfrac{r}{2}(v_s \nabla(\mathrm{div}(b)) + b\nabla(\mathrm{div}(v_s))) \\ -\dfrac{1}{2}\mu \cdot (b \cdot \Delta(v_s) + v_s \cdot \Delta(b)) - Y \cdot b \end{cases}, \qquad (11)$$

$$\Re_{22} = \frac{r}{2} b \cdot \nabla(\mathrm{div}(b)) - \frac{1}{2}\mu \cdot b \cdot \Delta(b). \qquad (12)$$

Далее используем следующий

Алгоритм. В каждой итерации:
1. вычисляется градиент b по (5) при данной функции v;
2. вычисляется коэффициент a по

$$a = -\Phi_{21}/\Phi_{22}, \qquad (13)$$

$$\Phi_{21} = \int\limits_V \Re_{21} dV, \quad \Phi_{22} \int\limits_V \Re_{22} dV. \qquad (14)$$

3. вычисляется новое значение функции как $v := v + ab$.
При этом на каждом итерационном шаге все включаются только те значения переменных, которые находятся в области Q существования течения.

Этот алгоритм реализует функция `stationary3modif`.
Обозначим
$$\nabla D = r \cdot \mathrm{div}(v). \qquad (15)$$

Тогда необходимое условие экстремума этого функционала (1), т.е. то уравнение (4), которое решается при минимизации этого функционала, примет вид:
$$\mu \cdot \Delta v - \nabla D + \rho \cdot (F + P \cdot M) = 0. \qquad (16)$$

В приложении 6 доказано, что одновременно с минимизацией функционала (1) достигается выполнение условия
$$\mathrm{div}(v) \approx 0. \qquad (17)$$

Точность выполнения этого условия тем выше, чем больше значение константы r. Однако с увеличением r увеличивается длительность расчета. Следовательно,

> минимизация функционала (1) путем движения по градиенту (5) эквивалентна при достаточно большом r решению уравнений (16, 17) с неизвестными v, D.

Приложение 5. Поверхности постоянного лагранжиана

1. Рассмотрим эллиптический параболоид скоростей, ограниченный плоскостью, перпендикулярной его оси. Поверхность этого параболоида описывается уравнением вида

$$v_y(r,z) = v_o - v_1 \cdot r^2 - v_2 \cdot z^2, \tag{c10}$$

где (r,z) - координаты плоскости, на которую опирается параболоид. На границах основания $v_y(r,z)=0$. Обозначив как r_o, z_o полуоси эллипса в основании параболоида, при $(r=r_o, z=0)$ и при $(r=0, z=z_o)$ из (c10) находим соответственно

$$v_o = v_1 r_o^2, \tag{c11}$$

$$v_o = v_2 z_o^2. \tag{c12}$$

Совмещая (c10, c11, c12), получаем

$$v_y(r,z) = \frac{v_o}{r_o^2 z_o^2} \left(r_o^2 z_o^2 - r^2 z_o^2 - r_o^2 z^2 \right). \tag{c13}$$

Найдем лапласиан скорости. Из (c10) находим

$$\Delta v_y = -2(v_1 + v_2). \tag{c14}$$

Совмещая (c11, c12, c14), получаем

$$\Delta v_y = \frac{-2 v_o}{r_o^2 z_o^2} \left(r_o^2 + z_o^2 \right). \tag{c15}$$

Из (c13, c15) находим

$$v_y(r,z) = \frac{-\Delta v_y}{2\left(r_o^2 + z_o^2\right)} \left(r_o^2 z_o^2 - r^2 z_o^2 - r_o^2 z^2 \right). \tag{c16}$$

2. Рассмотрим круговой параболоид скоростей. Из предыдущего при $(r_o = z_o)$ получаем

$$v_y(r,z) = v_o - v_1 \cdot \left(r^2 + z^2 \right), \tag{c20}$$

$$\Delta v_y = \frac{-4 v_o}{r_o^2}, \tag{c21}$$

$$v_y(r,z) = \frac{-\Delta v_y}{4} \left(r_o^2 - \left(r^2 + z^2 \right) \right). \tag{c22}$$

Приложение 6. Дискретные модифицированные уравнения Навье-Стокса

1. Дискретные модифицированные уравнения Навье-Стокса для стационарных течений

Рассмотрим дискретный вариант модифицированных уравнений Навье-Стокса (2.1, 2.79) для стационарных течений. Для этого представим функции трех переменных (проекции скоростей v_x, v_y, v_z, проекции сил F_x, F_y, F_z и квазидавление D) в виде вектор-строк (показанных, например, для двумерного случая в формуле (4) приложения 3). Производные и лапласианы этих функций можно представить в виде произведения некоторой матрицы на такие вектор-функции. Например, можно построить матрицу – дискретный лапласиан (для двумерного случая дискретный лапласиан рассмотрен в приложения 3) и матрицу – дискретная производная.

Далее будем рассматривать стационарную систему, в которой определены давления P_x, P_y, P_z, действующие на поверхности Q_x, Q_y, Q_z, перпендикулярные осям координат x, y, z.

При этом модифицированные уравнения Навье-Стокса примут вид

$$\left(B_x v_x^T + B_y v_y^T + B_z v_z^T\right) = 0, \tag{1}$$

$$-\mu \cdot A_x v_x^T + B_x D^T - \rho \cdot F_x = P_x Q_x, \tag{2}$$

$$-\mu \cdot A_y v_y^T + B_y D^T - \rho \cdot F_y = P_y Q_y, \tag{3}$$

$$-\mu \cdot A_z v_z^T + B_z D^T - \rho \cdot F_z = P_z Q_z, \tag{4}$$

где A – матрицы - дискретные лапласианы скоростей, B – матрицы - дискретные производные скоростей и квазидавлений, а верхний индекс "T" обозначает транспонирование. Вид этих матриц не зависит от того, к каким функциям они применяются, а зависит только от конфигурации области существования жидкости.

Формально эти уравнения можно рассматривать как систему линейных уравнений относительно неизвестных векторов v_x, v_y, v_z, D, где матрицы A, B, Q, и векторы F, P известны. Для решения этой системы уравнений рассмотрим функцию

$$\Phi = \begin{pmatrix} \frac{1}{2}\mu \cdot \left(v_x A_x v_x^T + v_y A_y v_y^T + v_z A_z v_z^T \right) \\ + \frac{r}{2} \cdot \left(B_x v_x^T + B_y v_y^T + B_z v_z^T \right) \\ + \rho \cdot \left(F_x v_x^T + F_y v_y^T + F_z v_z^T \right) \\ + \left(P_x Q_x v_x^T + P_y Q_y v_y^T + P_z Q_z v_z^T \right) \end{pmatrix}, \quad (5)$$

где r - постоянная величина. Можно заметить, что необходимые условия минимума этой функции по переменным v_x, v_y, v_z имеют следующий вид:

$$\mu \cdot A_x v_x^T + B_x Jr + \rho \cdot F_x + P_x Q_x = 0, \quad (6)$$

$$\mu \cdot A_y v_y^T + B_y Jr + \rho \cdot F_y + P_y Q_y = 0, \quad (7)$$

$$\mu \cdot A_z v_z^T + B_z Jr + \rho \cdot F_z + P_z Q_z = 0, \quad (8)$$

где

$$J = \left(B_x v_x^T + B_y v_y^T + B_z v_z^T \right). \quad (9)$$

Для анализа достаточных условий существования минимума преобразуем функцию (5) к виду

$$\Phi = \begin{pmatrix} v_x \left(\frac{1}{2}\mu \cdot A_x + \frac{r}{2} \cdot B_x B_x^T \right) v_x^T + \\ v_y \left(\frac{1}{2}\mu \cdot A_y + \frac{r}{2} \cdot B_y B_y^T \right) v_y^T + \\ v_z \left(\frac{1}{2}\mu \cdot A_z + \frac{r}{2} \cdot B_z B_z^T \right) v_z^T \end{pmatrix} + \Theta, \quad (10)$$

где Θ - член, зависящий от первой степени скоростей. Таким образом, рассматриваемая функция является квадратичной и имеет единственный минимум, если матрицы вида

$$M_x = \left(\frac{1}{2}\mu \cdot A_x + \frac{r}{2} \cdot B_x B_x^T\right) \qquad (11)$$

являются отрицательно определенными. Для анализа этих матриц заметим, что дискретные лапласианы скоростей являются положительно определенными матрицами (см. приложение 5), а матрицы $B_x B_x^T$ также являются положительно определенными. Следовательно, матрицы вида (11) являются положительно определенными и рассматриваемая функция имеет единственный минимум.

Можно показать [32], что
$$J \to 0 \text{ при } r \to \infty. \qquad (12)$$
- см. также приложение 7. Отсюда и из (9) следует, что при достаточно большом r
$$\left(B_x v_x^T + B_y v_y^T + B_z v_z^T\right) \approx 0. \qquad (13)$$

Итак, при некоторых значениях r уравнения (13, 6-8) совпадают с уравнениями (1-4), если обозначить
$$D^T = -Jr, \qquad (14)$$
а градиентный спуск по функции (5) позволяет найти значения переменных, являющиеся решением уравнений (1-4). Метод такого градиентного спуска рассмотрен в приложении 7.

Вернемся теперь от приведенных формул в дискретном виде к аналоговому виду. Тогда получим, что из (13) следует
$$\text{div}(v) \approx 0, \qquad (15)$$
а функция (5) превращается в функционал вида
$$\Phi = \begin{pmatrix} \frac{1}{2}\mu \cdot (v_x \Delta v_x + v_y \Delta v_y + v_z \Delta v_z) \\ -\frac{1}{2} \cdot v \cdot \nabla D \\ + \rho \cdot (F_x v_x + F_y v_y + F_z v_z) \\ + (P_x Q_x v_x + P_y Q_y v_y + P_z Q_z v_z) \end{pmatrix}. \qquad (16)$$

где
$$\nabla D = -r \cdot \text{div}(v). \qquad (17)$$
Заметим, что

$$\frac{\partial}{\partial v}(v \cdot \nabla(\operatorname{div}(v))) = \nabla(\operatorname{div}(v)) + v\frac{\partial}{\partial v}(\nabla(\operatorname{div}(v))) = \nabla(\operatorname{div}(v)),$$

Следовательно, градиент функционала (16) имеет вид:

$$\mu \cdot \Delta v - \nabla D + (\rho \cdot F + P \cdot Q) = 0. \qquad (18)$$

Следовательно,

> минимизация функционала (16) путем движения по градиенту (18) эквивалентна при достаточно большом r решению уравнений (17, 18) с неизвестными v, D при условии (15).

Итак, метод решения непрерывных уравнений (15, 17, 18) сводиться к методу решения соответствующих дискретных уравнений, изложенному в приложении 7.

2. Дискретные модифицированные уравнения Навье-Стокса для динамических течений

Рассмотрим дискретный вариант модифицированных уравнения Навье-Стокса (6.8) для динамических течений в том случае, когда массовые силы являются синусоидальными функциями времени с круговой частотой ω. Аналогично предыдущему для них также может быть построен дискретный аналог в виде

$$-j\omega \cdot v_x + \mu \cdot A_x v_x^T + B_x Jr + \rho \cdot F_x + P_x Q_x = 0, \qquad (19)$$

$$-j\omega \cdot v_y + \mu \cdot A_y v_y^T + B_y Jr + \rho \cdot F_y + P_y Q_y = 0, \qquad (20)$$

$$-j\omega \cdot v_z + \mu \cdot A_z v_z^T + B_z Jr + \rho \cdot F_z + P_z Q_z = 0, \qquad (21)$$

и (9), где j - мнимая единица. И в этом случае можно указать аналогию между уравнениями (9, 19-21) и уравнениями электрической цепи с источниками синусоидального напряжения, рассмотренной в приложении 7. Последние решаются методом градиентного спуска к седловой точке известной функции. Таким образом, и в этом случае метод решения непрерывных уравнений (6.8) сводиться к методу решения соответствующих дискретных уравнений (9, 19-21), изложенному в приложении 7.

Приложение 7. Электрическая модель решения модифицированных уравнений Навье-Стокса

Здесь рассматривается электрическая модель для решения модифицированных уравнений Навье-Стокса и следующий из нее метод решения этих уравнений.

Описываемые далее электрические цепи содержат трансформаторы постоянного тока или трансформаторы мгновенных значений. Такие трансформаторы впервые были рассмотрены Деннисом [33]. Поэтому в дальнейшем они называются трансформаторами Денниса и обозначаются как TD. Деннис предложил TD как абстрактную математическую конструкцию (для интерпретации математической теории) и разработал теорию электрических цепей постоянного тока, включающих TD, резисторы, диоды, источники тока и напряжения.

В [32] рассматриваются электрические цепи, содержащие TD и моделирующие различные задачи регулирования и оптимального управления. Анализ таких цепей позволяет формулировать алгоритмы решения соответствующих задач.

Для решения нашей задачи рассмотрим электрическую цепь, представленную на рис. 1, где

R_1, R_2, R_3, r - сопротивления,

i_1, i_2, i_3, J - токи в этих сопротивлениях,

E_1, E_2, E_3 - источники постоянного напряжения,

TD_1, TD_2, TD_3 - трансформаторы Денниса,

L_1, L_2, L_3 - индуктивности,

k_1, k_2, k_3 - коэффициенты трансформации этих трансформаторов.

Сначала рассмотрим цепь постоянного тока, в которой отсутствуют индуктивности. В [32] показано, что такая цепь описывается уравнением вида

$$R \cdot i - E = 0, \qquad (1)$$

где

$$i = \begin{vmatrix} i_1 \\ i_2 \\ i_3 \end{vmatrix}, \quad E = \begin{vmatrix} E_1 \\ E_2 \\ E_3 \end{vmatrix}, \quad (2)$$

$$R = \begin{vmatrix} R_1 & 0 & 0 \\ 0 & R_2 & 0 \\ 0 & 0 & R_3 \end{vmatrix} + r \cdot \begin{vmatrix} k_1^2 & k_1 k_2 & k_1 k_3 \\ k_1 k_2 & k_2^2 & k_2 k_3 \\ k_1 k_3 & k_2 k_3 & k_3^2 \end{vmatrix}, \quad (3)$$

причем

$$J = k_1 \cdot i_1 + k_2 \cdot i_2 + k_2 \cdot i_2, \quad (4)$$

а все величины, входящие в эти формулы, могут быть векторами (в смысле векторной алгебры).

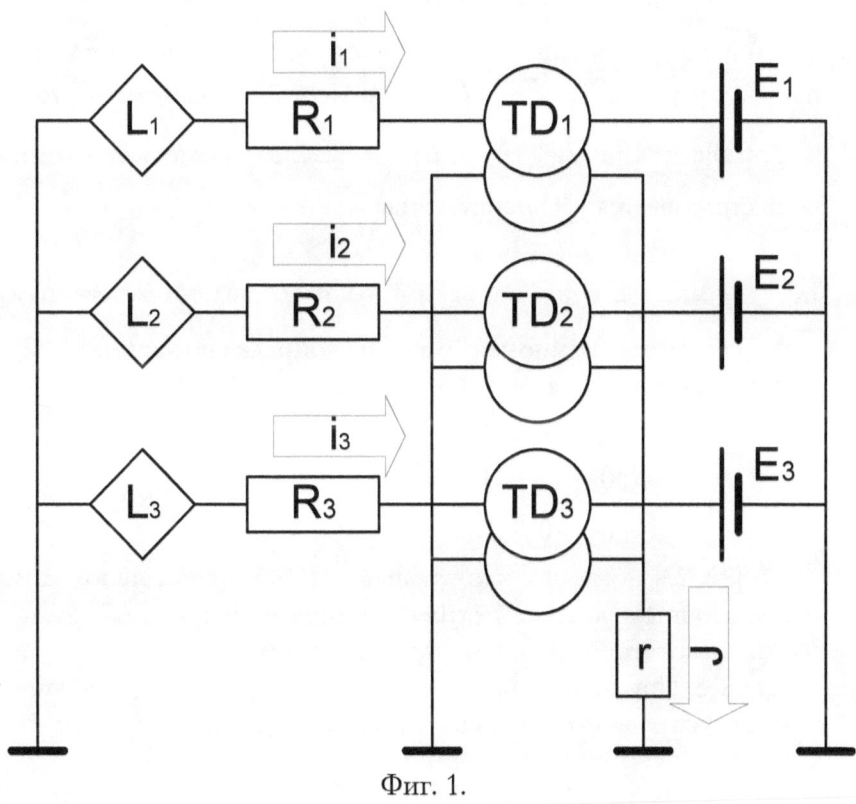

Фиг. 1.

В [32] показано, что уравнение (1) является необходимым и достаточным условием минимума функции

$$\Phi = \left(\frac{1}{2} i \cdot R \cdot i^T - E \cdot i^T\right), \qquad (5)$$

причем

$$J \to 0 \text{ при } r \to \infty. \qquad (6)$$

Минимум функции (5) и, следовательно, решение уравнения (1) могут быть найдены методом спуска по градиенту

$$b = R \cdot i - E, \qquad (7)$$

функции (5), где шаг по градиенту определяется по формуле

$$a = \frac{b^T \cdot b}{b^T \cdot R \cdot b} \qquad (8)$$

и

$$i_{next} = i_{prev} - a \cdot b. \qquad (9)$$

Теперь рассмотрим цепь с источниками синусоидального напряжения E_1, E_2, E_3 круговой частоты ω и индуктивностями L_1, L_2, L_3. В [22, 23] показано, что такая цепь описывается уравнением вида

$$\omega \cdot j \cdot L \cdot i + R \cdot i - E = 0, \qquad (10)$$

где j - мнимая единица, величины i, E являются векторами с комплексными компонентами и определяются по (2), R определяется по (3), а

$$L = \begin{vmatrix} L_1 & 0 & 0 \\ 0 & L_2 & 0 \\ 0 & 0 & L_3 \end{vmatrix}. \qquad (11)$$

В [22, 23] показано, что уравнение (10) является необходимым и достаточным условием существования единственной седловой точки некоторой функции расщепленных токов – см. также раздел 1.2. При этом решение уравнения (10) может быть найдено методом спуска по градиенту, для чего на каждом шаге новое значение тока определяется по

$$i_{next} = i_{prev} - a \cdot b. \qquad (12)$$

где

$$b = \omega \cdot j \cdot L \cdot i + R \cdot i - E, \qquad (13)$$

$$a = \frac{b^T \cdot b}{b^T \cdot (\omega \cdot j \cdot L + R) \cdot b}. \qquad (14)$$

Здесь, так же, как и в случае постоянного тока, выполняется условие (6).

Литература

1. Умов Н.А. Уравнения движения энергии в телах. - Одесса: Типография Ульриха и Шульце, 1874. - 56 с. http://nn.mi.ras.ru/Showbook.aspx?bi=171
2. Н.Е. Кочин, И.А. Кибель, Н.В. Розе. Теоретическая гидромеханика, часть 2. Гос. изд. "Физматлит", Москва, 1963, 727 с.
3. Цлаф У. Вариационное исчисление и интегральные уравнения. М.: Наука, 1966, 254 р.
4. Эльсгольц Л.Э. Дифференциальные уравнения и вариационное исчисление, Эдиториал УРСС, Москва, 2000.
5. Петров Б.М. Электродинамика и распространение радиоволн. – М.: Радио и связь, 2000. -559 с.
6. Хмельник С.И. Принцип экстремума для электрических цепей переменного тока. М.: ВНИИ Электроэнергетики, депонировано в Информэнерго, № 2960-ЭИ-88, 1988, 26 с.
7. Хмельник С.И. Вариационные принципы в электрических моделях сплошных сред. Задачи технической гидродинамики. Сборник статей. М.: Наука, 1991, 148-158 с.
8. Хмельник С. Комплекс программ расчета электромеханических систем. IV Международная конференция «Творческие поиски ученых Израиля сегодня», Израиль, Ашкелон, 1999, 148-155 с.
9. Хмельник С.И. Электрические цепи постоянного тока для моделирования и управления. Алгоритмы и аппаратура. Published by "MiC" - Mathematics in Computer Corp., printed in USA, Lulu Inc., ID 113048. Израиль-Россия, 2004, 174 с
10. Khmelnik S.I. The Principle of Extreme in Electric Circuits, http://www.laboratory.ru, 2004.
11. Хмельник С.И. Принцип экстремума в электрических цепях. Повышение эффективности работы энергосистем: Тр. ИГЭУ. Вып. 6. М.: Энергоатомиздат, 2003, сс. 325-333. ISBN 5-283-02595-0.
12. Хмельник С.И. Вариационный принцип экстремума для электрических линий и плоскостей. «Доклады независимых авторов», изд. «DNA», printed in USA, Lulu Inc., ID 124173. Россия-Израиль, 2005, вып. 1.

13. Хмельник С.И. Уравнение Пуассона и квадратичное программирование. «Доклады независимых авторов», изд. «DNA», printed in USA, Lulu Inc., ID 172756. Россия-Израиль, 2005, вып. 2, ISBN 978-1-4116-5956-8.
14. Хмельник С.И. Уравнения Максвелла как следствие вариационного принципа. «Доклады независимых авторов», изд. «DNA», printed in USA, Lulu Inc., ID 237433. Россия-Израиль, 2006, вып. 3, ISBN 978-1-4116-5085-5.
15. Хмельник С.И. Variational Principle of Extreme in electromechanical Systems, Published by "MiC" - Mathematics in Computer Corp., printed in USA, Lulu Inc., ID 115917, Израиль-Россия, 2005, (in Russian)
16. Khmelnik S.I. Variational Principle of Extremum in electromechanical Systems, second edition. Published by "MiC" - Mathematics in Computer Corp., printed in USA, printed in USA, Lulu Inc. ID 125002. Israel-Russia, 2007, ISBN 978-1-411-633445.
17. Хмельник С.И. О вариационном принципе экстремума в электромеханических системах. «Доклады независимых авторов», изд. «DNA», printed in USA, Lulu Inc. ID 124173. Россия-Израиль, 2005, вып. 1, ISBN 1-4116-3209-5.
18. Хмельник С.И. Вариационный принцип экстремума в электромеханических системах и его применение, http://www.sciteclibrary.ru/ris-stat/st1837.pdf
19. Хмельник С.И. Принцип максимума и вариационный принцип для электромеханических систем. «Доклады независимых авторов», изд. «DNA», printed in USA, Lulu Inc. 237433. Россия-Израиль, 2006, вып. 3, ISBN 1-4116-5085-5.
20. Хмельник С.И. Уравнения Максвелла как следствие вариационного принципа. Вычислительный аспект. «Доклады независимых авторов», изд. «DNA», printed in USA, Lulu Inc. 322884, Россия-Израиль, 2006, вып. 4, ISBN 978-1-4303-0460-9.
21. Хмельник С.И. Вариационный принцип экстремума в электромеханических системах, четвертая редакция. Publisher by "MiC", printed in USA, Lulu Inc., ID 172054. Россия-Израиль, 2007, ISBN 978-1-4303-2389-1.
22. Хмельник С.И. Вариационный принцип экстремума в электромеханических и электродинамических системах, третья редакция. Publisher by "MiC", printed in USA, Lulu Inc., ID 1769875. Россия-Израиль, 2010, ISBN 978-0-557-4837-3.
23. Khmelnik S.I. Variational Principle of Extremum in electromechanical and electrodynamic Systems, second edition.

Published by "MiC" - Mathematics in Computer Corp., printed in USA, printed in USA, Lulu Inc. ID 1142842. Israel-Russia, 2010, ISBN 978-0-557-08231-5.
24. Khmelnik S.I. Functional for Power System. Published by "MiC" - Mathematics in Computer Corp., printed in USA, printed in USA, Lulu Inc. ID 133952. Israel-Russia, 2005.
25. Хмельник С.И. Функционал для энергосистем. Publisher by "MiC", printed in USA, Lulu Inc., ID 135568. Россия-Израиль, 2005.
26. Понтрягин Л.С., Болтянский В.Г., Гамкрелидзе Р.В., Мищенко Е.Ф. Математическая теория оптимальных процессов, изд. «Наука», М., 1969, с. 23-26.
27. С.В. Поршнев. Методика использования пакета MATHCAD для изучения итерационных методов решения краевых задач для двумерных дифференциальных уравнений эллиптического типа. Вычислительные методы и программирование. 2001, Т.2, с. 7-14
28. Беклемишев, Д. В. Курс аналитической геометрии и линейной алгебры. — 10-е изд., испр.— М.: ФИЗМАТЛИТ, 2005, 304с. ISBN 5-9221-0304-0.
29. Бредов М.М., Румянцев В.В., Топтыгин И.Н. Классическая электродинамика. Изд. «Лань», 2003, 400 с.
30. Хмельник С.И. Существование и метод поиска глобального решения для уравнений Навье-Стокса, «Доклады независимых авторов», изд. «DNA», Россия-Израиль, 2010, вып. 15, printed in USA, Lulu Inc., ID 8976094, ISBN 978-0-557-52134-0
31. Хмельник С.И. Принцип экстремума полного действия, «Доклады независимых авторов», изд. «DNA», Россия-Израиль, 2010, вып. 15, printed in USA, Lulu Inc., ID 8976094, ISBN 978-0-557-52134-0.
32. Хмельник С.И. Электрические цепи постоянного тока для моделирования и управления. Алгоритмы и аппаратура. Published by "MiC" - Mathematics in Computer Corp., printed in USA, Lulu Inc., ID 113048. Израиль-Россия, 2004, 174 с.
33. Деннис Дж. Б. Математическое программирование и электрические цепи. М.: ИЛ, 1961, 430 с.
34. Хмельник С.И. Существование глобального решения уравнений Навье-Стокса для сжимаемой жидкости. «Доклады независимых авторов», изд. «DNA», Россия-Израиль, 2010, вып. 16, printed in USA, Lulu Inc., ID 9487789, ISBN 978-0-557-72797-1.

35. Хмельник С.И. Уравнения Навье-Стокса. Существование и метод поиска глобального решения (первая редакция). Published by "MiC" - Mathematics in Computer Corp., printed in USA, Lulu Inc., ID 8828459. Израиль, 2010, ISBN 978-0-557-48083-8.
36. Khmelnik S.I. Navier-Stokes equations. On the existence and the search method for global solutions (first edition). Published by "MiC" - Mathematics in Computer Corp., printed in USA, printed in USA, Lulu Inc., ID 9036712, Israel, 2010, ISBN 978-0-557-54079-2.
37. Khmelnik S.I. Principle extremum of full action. «The Papers of Independent Authors», Publisher «DNA», Israel, Printed in USA, Lulu Inc., catalogue 9748173, vol. 17, 2010, ISBN 978-0-557-88376-9
38. Khmelnik S.I. Principle extremum of full action in electrodynamics. «The Papers of Independent Authors», Publisher «DNA», Israel, Printed in USA, Lulu Inc., catalogue 9748173, vol. 17, 2010, ISBN 978-0-557-88376-9
39. Khmelnik S.I. The existence and the search method for global solutions of Navier-Stokes equation. «The Papers of Independent Authors», Publisher «DNA», Israel, Printed in USA, Lulu Inc., catalogue 9748173, vol. 17, 2010, ISBN 978-0-557-88376-9
40. Хмельник С.И. Гравитомагнетизм: природные явления, эксперименты, математические модели, Published by "MiC" - Mathematics in Computer Corp. Printed in United States of America, Lulu Inc., ID 20262327, ISBN 978-1-365-62636-4, третья редакция, 2017.
41. Иванов Б.Н. Мир физической гидродинамики. От проблем турбулентности до физики космоса. Изд. 2-е. – М.: Едиториал УРСС, 2010. – 240с.
42. Зильберман Г.Е. Электричество и магнетизм, Москва, изд. "Наука", 1970.
43. Вильнер Я.М. и др. Справочное пособие по гидравлике, гидромашинам и гидроприводам, изд. "Высшая школа", 1976.
44. James L. Griggs. Apparatus for Heating Fluids, United States Patent, 5188090, 1993,
http://www.rexresearch.com/griggs/griggs.htm
45. Петраков А.Д., Плешкань С.Н., Радченко С.М. Роторный кавитационный вихревой насос,
http://www.freepatent.ru/patents/2393391

46. Khmelnik S.I. PROGRAMS for Solving the Equations of Hydrodynamics in the MATLAB SYSTEM. Published by "MiC" - Mathematics in Computer Corp. Printed in United States of America, Lulu Inc., ID 22833773, ISBN 978-1-387-77626-9, 2018, http://www.lulu.com/content/22833773
47. Турбулентность и сложное вихревое движение, http://khd2.narod.ru/whirl/whirldyn.htm
48. Л.С. Котоусов. Исследование скорости водяных струй на выходе сопел с различной геометрией, «Техническая термодинамика», 2005, том 75, вып. 9, https://journals.ioffe.ru/articles/viewPDF/8644
49. Хмельник С.И. Метод и алгоритм расчета турбулентных течений. Доклады независимых авторов, ISSN 2225-6717, № 42, 2018.
50. Хмельник С.И. Механизм возникновения и метод расчета турбулентных течений. Доклады независимых авторов, ISSN 2225-6717, № 21, 2014, а также http://vixra.org/abs/1404.0888, 2014-04-11.
51. Хмельник С.И. Метод и алгоритм расчета турбулентных течений. Доклады независимых авторов, ISSN 2225-6717, № 42, 2018, 108–124. DOI: http://doi.org/10.5281/zenodo.1306883

Автор о себе

К.т.н. (по вычислительной технике). Автор более 300 патентов, изобретений, статей, книг. Я жил и работал в Москве. В России я несколько лет занимался разработкой компьютеров для ракетных систем. Затем я работал в государственном научно-исследовательском институте электроэнергетики. В Израиле я работал в нескольких компаниях, включая Israel Electric Corporation. Затем я организовал свою собственную компанию, которая разработала специализированный процессор для операций с комплексными числами. Кроме того, все это время я занимался независимыми исследованиями.

ORCID: https://orcid.org/0000-0002-1493-6630

В данной книге предлагается решение одной из проблем тысячелетия, сформулированных Математическим институтом Клея – пролеммой уравнений Навье-Стокса, которая формулируется этим институтом так: *Это уравнение, которое регулирует поток жидкостей, таких как вода и воздух. Однако нет никаких доказательств для наиболее простых вопросов, которые можно задать: существуют ли решения и являются ли они уникальными? Зачем требовать доказательства? Потому что доказательство дает не только уверенность, но и понимание.* За решение этой проблемы назначена премия.

www.ingramcontent.com/pod-product-compliance
Lightning Source LLC
Chambersburg PA
CBHW022000170526
45157CB00003B/1074